致老师和家长

珠心算，是珠算式心算的简称，又叫珠脑速算，是将数字变成算珠符号浮现在人的脑中，并依据珠算原理进行加减乘除运算的一种计算方式。其特点在于将中国传统的珠算方法与形象记忆巧妙地结合起来，通过"脑映像"（在脑子里打算盘）得出运算结果，其计算速度快速绝伦，并且它将传统珠算的计算功能发展为启智功能和教育功能。珠心算现已成为训练孩子心灵手巧、开发儿童智力潜能的最好方法之一。儿童学习珠心算有四大好处：第一，左右手并用，促进儿童左右脑平衡发展；第二，眼、耳、手、口、脑同时参与，有效地培养儿童的注意力、观察力、记忆力、想像力和思维能力；第三，培养儿童动则活跃、静则专注的良好习惯；第四，使儿童的计算能力迅速提高。

近年来，珠心算教育迅速发展，其启智功能、教育功能已得到社会各界的广泛认同。为了满足社会需求，合肥市珠算心算协会总结十多年来从事珠心算教育的成功经验，并组织了合肥市一大批具有丰富珠心算教学经验的教师共同参与，编写了这本《儿童珠心算简易教学法》教材。

本教材具有以下特点：

（1）科学性

本教材是根据儿童的认识规律和现行小学数学课程标准来编写的，对珠心算的科学原理、算理算法、技能技巧均作了简单而明确的阐述。

（2）系统性

本教材遵循由浅入深、由易到难、由简单到复杂这样一个循序渐进的普遍规律，内容系统、完整，环环相扣。因此，教师和家长不仅容易掌握教材内容，而且也便于对儿童进行教学和正确有效地辅导。

（3）趣味性

本教材尽量减少对概念进行诠释的内容，重在介绍计算过程、计算方法和计算技巧，每章后面还附有激发儿童学习兴趣的妙趣横生的智力测试题。

（4）实用性

本教材简明易懂，操作有图示说明，教师和家长容易讲解，儿童容易接受。

教师根据本教材可按四个学期进行教学，每学期 50 课时，共 200 课时。

第一学期：珠心算基础知识、基本概念、指法训练、识数教学；

第二学期：珠心算加减（一位数至四位数）；

第三学期：单积"一口清"；

第四学期：珠心算乘除。

在教学过程中，教师和家长应注意以下问题：

（1）教师要按目录顺序循序渐进地进行教学。

（2）家长要配合教师工作，督促儿童坚持练习珠算。儿童刚学珠心算时，家长应尽可能让他每天练习 30 分钟，以便算珠在儿童的大脑中保持清晰的图像。

我们期望这本凝聚了很多人智慧和心血的儿童珠心算教材，在老师和家长用来开启儿童智慧之门的系统工程中发挥特有的作用。

合肥市珠算心算协会

中国珠算心算协会领导接见安徽省“全国首批珠心算高级教练师”（中为世界珠算心算联合会会长、中国珠算心算协会会长、原财政部副部长迟海滨；右二为世界珠算心算联合会秘书长、中国珠算心算协会副会长王朝才；右一为中国珠算心算协会副会长、国家队总教练王卫达；左一为中国珠算心算协会副会长、理论顾问黄冠斌；左三、右四分别为本书主编、全国首批珠心算高级教练师方有昆和何昌荣）。

优秀论文证书

方有昆
何昌荣同志撰写的《儿童珠心算简易教学法》学术论文，被评为安徽省第五届自然科学优秀学术论文一等奖。

特发此证

安徽省科学技术协会　安徽省科学技术厅　安徽省人事厅

2007年1月8日

中国珠算心算协会副会长、国家珠心算队主教练王卫达教授(左三)会见合肥市珠算心算协会会长方有昆(左二)、副会长何昌荣(右二)、副秘书长王刚(右一)、监事会主席张军(左一)。

第二十五届海峡两岸珠心算通信比赛安徽赛区(合肥市)开幕式(右三为安徽省珠算心算协会副会长宋宝泉,左五为安徽省人大办公厅原主任费业科,右一为合肥市科协学会部主任谢海良,右四为合肥市劳动局原局长陈再生,右二为合肥市教委原副主任周恒农,左二、左三分别为合肥市珠算心算协会会长方有昆、副会长何昌荣,左一为裕丰花市总经理王佑铭,右四为合肥市十里庙小学党支部书记程继标)。

第二十五届海峡两岸珠心算通信比赛安徽赛区(合肥市)比赛现场之一(左一为合肥市珠算心算协会副会长、比赛副总裁判长何昌荣,左二为合肥市科协学会部主任谢海良,左三为安徽省珠算心算协会副会长宋宝泉,左四为合肥市珠算心算协会会长、比赛总裁判长方有昆,左五为合肥珠算心算协会常务理事、教研室主任、合肥市珠心算教育中心校长、比赛副总裁判长夏安萍)。

第二十五届海峡两岸珠心算通信比赛安徽赛区(合肥市)比赛现场之二。

ERTONG ZHUXINSUAN JIANYI JIAOXUEFA

儿童珠心算简易教学法（下）

合肥市珠算心算协会 编著

方有昆 何昌荣 主编

合肥工业大学出版社

图书在版编目(CIP)数据

儿童珠心算简易教学法．下/方有昆，何昌荣主编．—合肥：合肥工业大学出版社，2017.2

ISBN 978-7-5650-3295-0

Ⅰ.儿… Ⅱ.①方…②何… Ⅲ.①珠算—儿童教育—教学参考资料②心算法—儿童教育—教学参考资料 Ⅳ.O121

中国版本图书馆 CIP 数据核字(2017)第 044757 号

儿童珠心算简易教学法(下)

出　版 合肥工业大学出版社		**版　次** 2017 年 2 月第 1 版	
地　址 合肥市屯溪路 193 号		**印　次** 2017 年 3 月第 1 次印刷	
邮　编 230009		**开　本** 710 毫米×1000 毫米　1/16	
电　话 理工编辑部：0551—62903087		**印　张** 10.75　**彩　插** 0.25 印张	
市场营销部：0551—62903198		**字　数** 110 千字	
网　址 www.hfutpress.com.cn		**印　刷** 合肥现代印务有限公司	
E-mail hfutpress@163.com		**发　行** 全国新华书店	

ISBN 978-7-5650-3295-0　　　　定价：22.00 元

如果有影响阅读的印装质量问题，请与出版社市场营销部联系调换

《儿童珠心算简易教学法》编委会

ERTONG ZHUXINSUAN JIANYI JIAOXUEFA BIANWEIHUI

主　任：方有昆

副主任：何昌荣

编　委：（按姓氏笔画为序）

丁　洁　王　刚　王传梅　王克刚　王瑞芬　许华玲
汤宜红　刘　玲　刘峥嵘　李长芝　李筱岚　孙冬梅
杨劭农　杨晓梅　沈小月　吴玉红　邹　敏　张　军
张丽丽　张莉莉　张菊香　张瑞芬　陈天竹　陈良坤
陈富胜　宋庆霞　何尔兵　何媛媛　郁　颖　施　凤
胡玮霖　郭　鑫　夏安萍　徐光永　凌　群　唐　蓉
倪德珍　曹　颖　童兰玲　葛彩云　管德培

执　笔：方有昆　何昌荣　夏安萍　杨劭农　王瑞芬
许华玲　张瑞芬　陈天竹　邹　敏

统　稿：何昌荣

审　稿：胡　涛（安徽省教育科学研究院研究员、原安徽省珠算协会副秘书长）

目录

目录

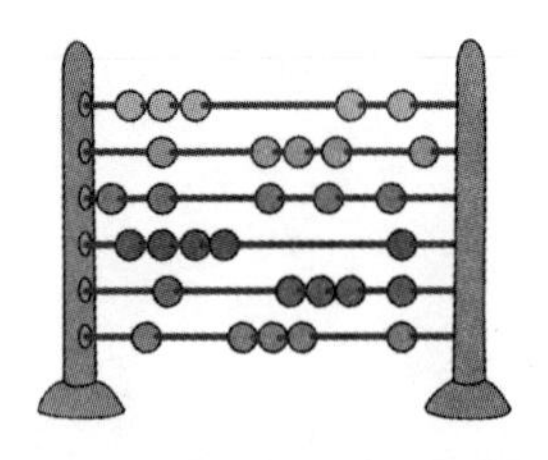

第一章 “一口清”心算乘法

YIKOUQING XINSUAN CHENGFA

第一节　意义与概念

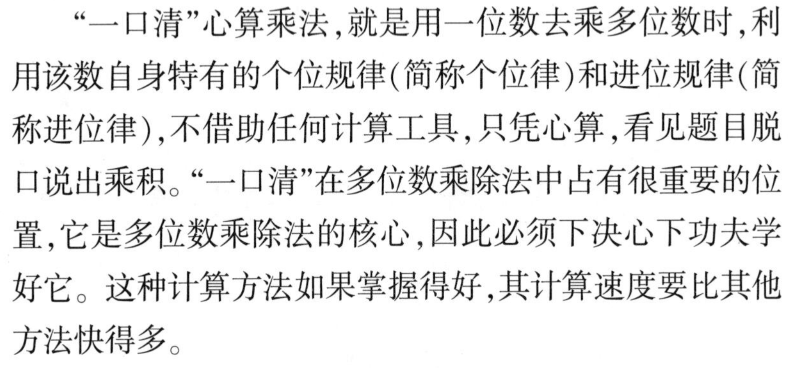

“一口清”心算乘法，就是用一位数去乘多位数时，利用该数自身特有的个位规律（简称个位律）和进位规律（简称进位律），不借助任何计算工具，只凭心算，看见题目脱口说出乘积。“一口清”在多位数乘除法中占有很重要的位置，它是多位数乘除法的核心，因此必须下决心下功夫学好它。这种计算方法如果掌握得好，其计算速度要比其他方法快得多。

要学好“一口清”，必须先搞清什么是个位律，什么是进位律。

个位律：当 2~9 各数去乘任何多位数时，其乘积的个位都有规律性，这个规律称为该数的“个位律”。

进位律：当 2~9 各数去乘任何多位数时，其乘积的进位也都有规律性，这个规律称为该数的“进位律”。

学习“一口清”，应先熟记个位律和进位律，然后再进行运算。另外，通过对大量题目练习，从易到难，才可达到熟能生巧的程度。教学时应按 2、5、4、3、6、9、8、7 的顺序进行。“一口清”的运算规律是“**乘前先补 0，乘时位对齐，本个加后进，舍十只记个**”。“补 0”是在被乘数前面先补个 0，“位对齐”是指两数相乘后积的个位数（本个）同后边进位数（后进）相加时要数位对齐，亦即同一档的数对齐。为了便于学习，乘前要补 0，以免错位，0 表示前位所占的位置。“舍十只记个”是避免重复进位。

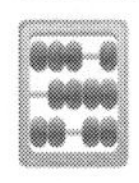

第二节　2 的“一口清”心算乘法

一、2 的个位律

用 2 分别去乘 1、2、3、4、5、6、7、8、9，被乘数与它的本个数对应关系如下：

1	2	3	4	5	6	7	8	9	…… 被乘数
⋮	⋮	⋮	⋮	⋮	⋮	⋮	⋮	⋮	
2	4	6	8	0	2	4	6	8	…… 本个数

从上面的对应关系可以看出，积的本个数(乘积的个位数)就是每个被乘数自身相加之和的个位数。根据这个规律，得出 2 的个位律是“**自倍取个**”。对于低年级儿童来说，也可以强记它。

二、2 的进位律

从用 2 分别去乘 1、2、3、4、5、6、7、8、9 的结果中可以看出，只有 2 同 5、6、7、8、9 相乘时才进 1，所以 2 的进位律可归纳为“**满 5 进 1**”，也可强记为 2 乘 5、6、7、8、9 进 1。这里的“满”是大于或等于的意思。

三、2 的“一口清”竖式乘步骤

例 1: 8 3 6 × 2

运算: 0 8 3 6 × 2 ……… 原式

　　6 6 2 ……… 本个

　1 0 1 ……… 后进

―――――――

　1,6 7 2 ……… 乘积

心算过程：(1) 被乘数首位 8 被 2 乘，“满 5 进 1”，积的首位为 1；(2) 8“自倍取个”，本个为 6，后一位无进位，本个 6 即为第二位乘积；(3) 被乘数第二位 3，“自倍取个”，本个为 6。由于后一位 6“满 5 进 1”，所以本个 6 加后进 1 为 7，即第三位积为 7；(4) 被乘数最后一位 6，“自倍取个”，本个为 2，它是最后一位积。本题结果为 1,672。

例 2：2 4 3 × 2

运算：0 2 4 3 × 2 ……… 原式

4 8 6 ……… 本个

0 0 0 ……… 后进

---

4 8 6 ……… 乘积

心算过程：(1) 被乘数首位 2 被 2 乘不进位，2 的自倍为 4，把本个 4 直接写在 2 的下边；(2) 被乘数第二位 4 自倍为 8，也无后进，把本个 8 直接写在 4 下边；(3) 被乘数第三位 3 的自倍为 6，无后进，把本个 6 写在 3 的下边。本题结果为 486。

例 3：9,5 6 7 × 2

运算：0 9 5 6 7 × 2 ……… 原式

8 0 2 4 ……… 本个

1 1 1 1 ……… 后进

---

1 9,1 3 4 ……… 乘积

心算过程：(1) 被乘数首位 9“满 5 进 1”，积的首位为 1；(2) 9 的“自倍取个”，本个为 8，后一位 5，“满 5 进 1”，后进为 1，本个 8 加后进 1，积的第二位为 9；(3) 被乘数第二位 5，“自倍取个”，本个为 0，后一位 6，“满 5 进 1”，后进为 1，本个 0 加后进 1，第三位积为 1；(4) 被乘数第三位

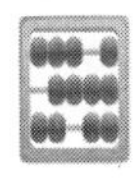

6，“自倍取个”，本个为2，后一位7，“满5进1”，后进为1，本个2加后进1，第四位积为3；(5) 被乘数第四位7；“自倍取个”，本个为4，也是最后一位积。本题结果为19,134。

四、2的“一口清”横式乘步骤

在儿童已掌握计算方法的基础上，可以直接写乘积。

例4： 4,796 × 2 = 9,592

- 4的本个8加后进1得9
- 7的本个4加后进1得5
- 9的本个8加后进1得9
- 6的本个2直接写2

练　　习

用“一口清”心算下表。

被乘数	乘数	积	被乘数	乘数	积	被乘数	乘数	积
18	2		193	2		1,839	2	
29	2		249	2		2,756	2	
37	2		358	2		3,184	2	
46	2		461	2		4,295	2	
58	2		527	2		5,368	2	
64	2		639	2		6,427	2	
75	2		716	2		7,516	2	
83	2		847	2		8,091	2	
92	2		925	2		9,734	2	
89	2		879	2		8,679	2	

第三节　5的"一口清"心算乘法

一、5的个位律

用5分别去乘1、2、3、4、5、6、7、8、9，被乘数与它本个数对应关系如下：

1	2	3	4	5	6	7	8	9	……被乘数
⋮	⋮	⋮	⋮	⋮	⋮	⋮	⋮	⋮	
5	0	5	0	5	0	5	0	5	……本个数

从上面的对应关系可以看出，凡是5与奇数相乘，它的本个数都是5；凡是5与偶数相乘，它的本个数都是0。因此5的个位律归纳成一句话为"**奇5偶0**"。

二、5的进位律

用九九口诀计算下面各题，并观察它们的规律性。

$$\begin{cases}2\times5=10\\3\times5=15\end{cases}\quad\begin{cases}4\times5=20\\5\times5=25\end{cases}\quad\begin{cases}6\times5=30\\7\times5=35\end{cases}\quad\begin{cases}8\times5=40\\9\times5=45\end{cases}$$

当被乘数下一位是2、3时可以进1，当被乘数下一位是4、5时可以进2，当被乘数下一位是6、7时可以进3，当被乘数下一位是8、9时可以进4，所以5的进位律可以归纳成四句话为"**满2进1，满4进2，满6进3，满8进4**"。

三、5的"一口清"竖式乘步骤

例1：47×5

运算：0 4 7×5 ……… 原式
　　　　0 5　　 ……… 本个
　　　2 3　　　 ……… 后进
　　　————
　　　2 3 5　　……… 乘积

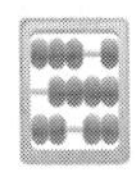

心算过程:(1) 被乘数的首位 4,“满 4 进 2”,积的首位是 2;(2) 4 是偶数,“偶 0”,本个为 0,后位 7,“满 6 进 3”,本个 0 加后进 3,积的第二位是 3;(3) 被乘数末位 7 是奇数,“奇 5”,本个为 5,无后进,积的末位是 5。本题结果为 235。

例 2: 1 6 9 × 5

运算: 0 1 6 9 × 5 ……… 原式

5 0 5 ……… 本个

0 3 4 ……… 后进

---

8 4 5 ……… 乘积

心算过程:(1) 被乘数首位 1 无进位,1 为奇数,“奇 5”,本个为 5,后位 6,“满 6 进 3”,本个 5 加后进 3,积的首位是 8;(2) 被乘数第二位 6 为偶数,“偶 0”,本个为 0,后位 9,“满 8 进 4”, 本个 0 加后进 4, 积的第二位是 4;(3) 被乘数第三位 9 为奇数,“奇 5”,本个为 5,无后进,积的末位是 5。本题结果为 845。

例 3: 7,3 6 8 × 5

运算: 0 7 3 6 8 × 5 ……… 原式

5 5 0 0 ……… 本个

3 1 3 4 ……… 后进

---

3 6,8 4 0 ……… 乘积

心算过程:(1) 被乘数首位 7,“满 6 进 3”,积的首位是 3;(2) 7 是奇数,“奇 5”,本个为 5,后位 3,“满 2 进 1”,本个 5 加后进 1,积的第二位是 6;(3) 被乘数的第二位 3 为奇数,“奇 5”,本个为 5,后位 6,“满 6 进 3”,本个 5 加后进 3,积的第 3 位是 8;(4) 被乘数的第三位6 是偶数,“偶 0”,本个为 0,后位 8,“满 8 进 4”,积的第四位是 4;(5) 被乘数末位 8 为偶数,本个是 0,无后进,积的末位是 0。本题结果为 36,840。

四、5 的"一口清"横式乘步骤

例: 9,4 6 3 × 5

运算: 0 9 4 6 3 × 5

= 4 7,3 1 5

0 的本个 0 加后位 9 的进位 4 得 4

9 的本个 5 加后位 4 的进位 2 得 7

4 的本个 0 加后位 6 的进位 3 得 3

6 的本个 0 加后位 3 的进位 1 得 1

3 的本个 5 无后进得 5

练　习

用"一口清"心算下表。

被乘数	乘数	积	被乘数	乘数	积	被乘数	乘数	积
34	5		952	5		7,621	5	
41	5		309	5		2,317	5	
89	5		436	5		9,328	5	
94	5		751	5		5,049	5	
72	5		598	5		1,873	5	
61	5		826	5		8,294	5	
16	5		574	5		4,651	5	
58	5		915	5		3,562	5	
74	5		693	5		2,178	5	
27	5		729	5		7,926	5	

教师和家长留言

JIAOSHI HE JIAZHANG LIUYAN

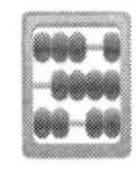

第四节 4的"一口清"心算乘法

一、4的个位律

用4分别去乘1、2、3、4、5、6、7、8、9,被乘数与它的本个数对应关系如下:

1	2	3	4	5	6	7	8	9……	被乘数
⋮	⋮	⋮	⋮	⋮	⋮	⋮	⋮	⋮	
4	8	2	6	0	4	8	2	6……	本个数

从上面的对应关系可以看出,凡是偶数与4相乘,其"本个"正好是它的补数,例如8的本个是2,8的补数也是2;凡是奇数与4相乘,其"本个"正好是它的凑数(两个数的和是5或15,这两个数互为凑数),例如3的"本个"是2,3的凑数也是2。因此4的个位律归纳为"**偶补奇凑**"。

二、4的进位律

4的进位律共有三句口诀"**满25进1,满50进2,满75进3**"。例如被乘数某一位是2,必须再往后看一位,如果2的下一位大于或等于5时,如26、27、……、49那么就是满25的数。例如被乘数某一位是3或4,因为3或4都是大于2、小于5,那么可直接根据这位数判断为"满25进1"(3可看成30,而30大于25且小于50)。如果某一位数小于2则无进位。同样,如果某一位数是7,也要往后看一位,用75比较,大于或等于75进3,小于75为"满50进2"。例如某一位数是8、9,可直接判断为"满75进3"(8、9可看成80、90)。也可以用双位观察法来判断是否进位,如被乘数的两位为25~49时进1、为50~74时进2、为75~99

时进 3。

乘数 4 进位律用数轴表示：

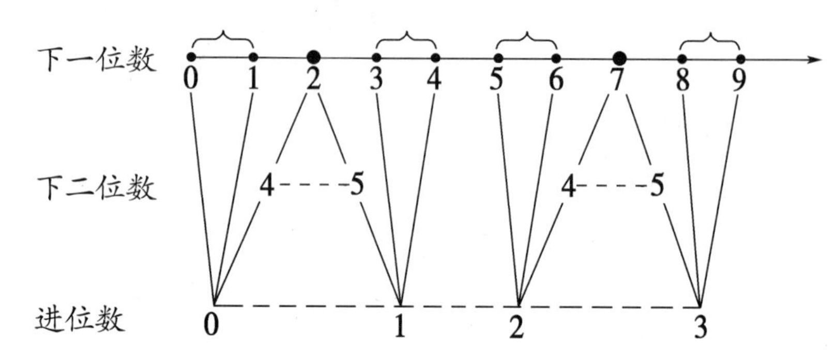

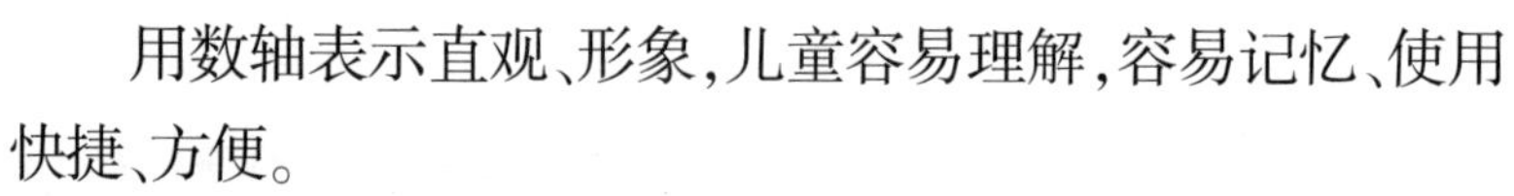

用数轴表示直观、形象，儿童容易理解，容易记忆、使用快捷、方便。

乘数 4 的进位分为四段。第一段下一位是 0 或 1，无后进；第二段下一位是 3 或 4 后进 1；第三段下一位是 5 或 6，后进 2；第四段下一位是 8 或 9，后进 3。

数轴上有两个“关键”数为 $\underset{\cdot}{2}$ 和 $\underset{\cdot}{7}$。如下一位是 2 或 7，需要看下二位，小于或等于 4 向前靠，大于 4 向后靠。举例如下：

本档	下一档	下二档					
6	$\underset{\cdot}{2}$	$\underset{\cdot}{4}$	9	×	4	=	24……
6	$\underset{\cdot}{2}$	$\underset{\cdot}{5}$	9	×	4	=	25……
6	$\underset{\cdot}{7}$	$\underset{\cdot}{4}$	9	×	4	=	26……
6	$\underset{\cdot}{7}$	$\underset{\cdot}{5}$	9	×	4	=	27……

三、4 的“一口清”竖式乘步骤

例 1：3 8 7 × 4

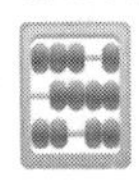

运算: 0 3 8 7 × 4 ……… 原式
228 ……… 本个
132 ……… 后进

1,5 4 8 ……… 乘积

心算过程:(1) 被乘数前两位 38,“满 25 进 1”,积的首位是 1;(2) 3 为奇数,“奇凑”,本个为 2,后位 87,“满 75 进 3”,本个 2 加后进 3 得 5,积的第二位是 5;(3) 被乘数的第二位 8 是偶数,“偶补”,本个是 2,后位 7,可看成“满 50 进 2”,本个 2 加后进 2 得 4,积的第三位是 4;(4) 被乘数末位 7 是奇数,“奇凑”,本个 8,无后进,末位积为 8。本题结果为 1,548。

例 2: 2,4 7 6 × 4

运算: 0 2 4 7 6 × 4 ……… 原式
8 6 8 4 ……… 本个
0 1 3 2 ……… 后进

9,9 0 4 ……… 乘积

心算过程:(1) 被乘数前两位 24,不满 25,不进位,所以积的首位为 0,也可以不写;(2) 2 为偶数,“偶补”,本个是 8,后两位 47,“满 25 进 1”,本个 8 加后进 1 得 9,积的第二位是 9;(3) 被乘数第二位 4 为偶数,“偶补”,本个是 6,后两位 76,“满 75 进 3”,本个 6 加后进 3 得 9,积的第三位是 9;(4) 被乘数第三位 7 是奇数,“奇凑”,本个为 8,后位 6,看成“满 50 进 2”,本个 8 加后进 2 得 10(舍十记个),积的第四位是 0;(5) 被乘数的末位 6 是偶数,“偶补”,本个为 4,无后进,末位积是 4。本题结果为 9,904。

四、4 的"一口清"横式乘步骤

例 1: 9 1 8 × 4

运算: 0 9 1 8 × 4

= 3,6 7 2

0 的本个 0 加 9 的进位 3 得 3

9 的本个 6 无后进得 6

1 的本个 4 加 8 的进位 3 得 7

8 的本个 2 无后进得 2

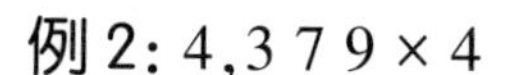

例 2: 4,3 7 9 × 4

运算: 0 4 3 7 9 × 4

= 1 7,5 1 6

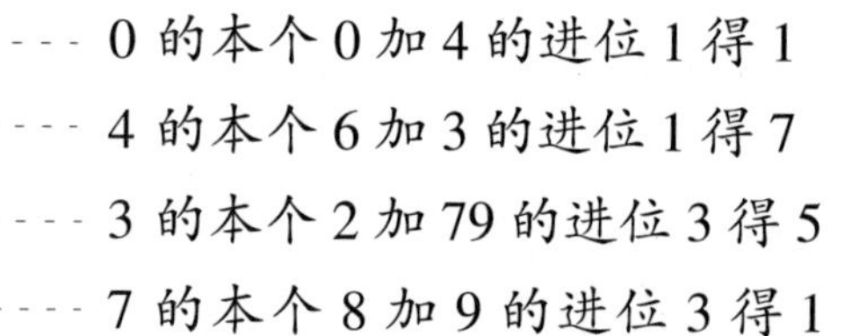

0 的本个 0 加 4 的进位 1 得 1

4 的本个 6 加 3 的进位 1 得 7

3 的本个 2 加 79 的进位 3 得 5

7 的本个 8 加 9 的进位 3 得 1
(舍十记个)

9 的本个 6 无后进得 6

练　　习

(1) 说出下面各数乘 4 的本个数。

8　6　7　1　3　5　9　2　8　4　6　7

(2) 下面左右两侧是二位被乘数,中间是乘数 4 的进位数,用直线把 4 乘被乘数的前位与其后进数连起来。

54		73
32	0	81
90	1	65
78	2	47
26	3	19

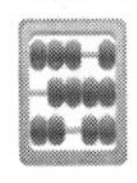

(3) 用"一口清"心算下表。

被乘数	乘数	积	被乘数	乘数	积	被乘数	乘数	积
16	4		195	4		1,936	4	
29	4		274	4		2,581	4	
37	4		386	4		3,748	4	
48	4		419	4		4,817	4	
59	4		538	4		5,294	4	
64	4		642	4		6,375	4	
73	4		751	4		7,482	4	
85	4		863	4		8,529	4	
96	4		927	4		9,168	4	
87	4		798	4		7,956	4	

第五节　3的"一口清"心算乘法

一、3的个位律

用3分别去乘1、2、3、4、5、6、7、8、9，被乘数与它的本个数对应关系如下：

1　2　3　4　5　6　7　8　9……被乘数
⋮　⋮　⋮　⋮　⋮　⋮　⋮　⋮　⋮
3　6　9　2　5　8　1　4　7……本个数

从上面的对应关系可以看出，凡是3与偶数相乘的"本个"正好是这个偶数的补数自倍后的个位数，如8×3=24，8的补数是2(两个数的和是10，这两个数互为补数)，2

的自倍是 4,所以 8 的“本个”是 4;3 与奇数相乘正好是这个奇数的补数自倍后再加 5，如 7×3=21,7 的补数是 3,3 的自倍是 6,6 加 5 得 11,“舍十记个”,所以 7 的本个为 1。综上所述,3 的个位律是“**偶补倍、奇补倍加 5**”。在实际运用中,可以与九九乘法口诀相结合使用,也可以强记。

二、3 的进位律

3 的进位律有两句口诀,即“**超 3 进 1;超 6 进 2**”(“超”是大于的意思)。这里要注意,如果被乘数首位是 3,就要向后多看一位,如果第二位也是 3,就要看第三位,如 334×3,第三位是 4 已超 3,所以“超 3 进 1”;当被乘数是 6 时,也要向后看,观察是否超 6 来确定 6 的进位律,例如 667×3,我们从前面两位看不出,但第三位 7 已超 6,所以“超 6 进 2”。

乘数是 3 的进位数也可以用“双位观察法”来确定。

“超 3 进 1”,就是当被乘数大于 33 而小于 67(34~66)时进 1;“超 6 进 2”，就是当被乘数大于 66 而小于或等于 99(67 ~ 99)时进 2。

乘数 3 进位律用数轴表示:

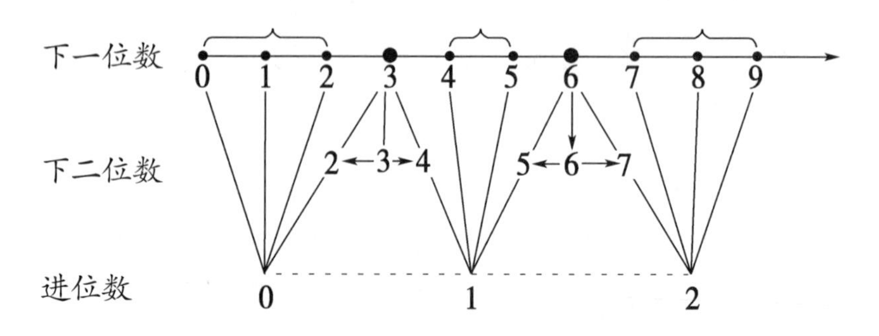

乘数 3 的进位分为三段。第一段下一位是 0、1、2，无后

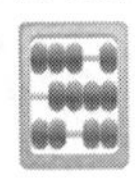

进;第二段下一位是4、5,后进1;第三段下一位是7、8、9,后进2。

数轴上有两个“关键”数为$\underset{\cdot}{3}$和$\underset{\cdot}{6}$。如下一位是3,需要看下二位,小于3进位数同第一段,大于3进位数同第二段,等于3必须看下三位……。如下一位是6,需要看下二位,小于6进位数同第二段,大于6进位数同第三段,等于6必须看第三位……。举例如下:

本档	下一档	下二档					
5	$\underset{\cdot}{3}$	$\underset{\cdot}{2}$	8	×	3	=	15……
5	$\underset{\cdot}{3}$	$\underset{\cdot}{4}$	8	×	3	=	16……
5	$\underset{\cdot}{6}$	$\underset{\cdot}{5}$	8	×	3	=	16……
5	$\underset{\cdot}{6}$	$\underset{\cdot}{7}$	8	×	3	=	17……

三、3的“一口清”竖式乘步骤

例1: 3 2 8 × 3

运算: 0 3 2 8 × 3 ……… 原式
　　9 6 4　……… 本个
　0 0 2　……… 后进
―――――――
　　9 8 4　……… 乘积

心算过程:(1) 被乘数前两位32,小于34无进位,3是奇数,“奇补倍加5”,其本个为9,后位2没超3无进位,首位积为9;(2) 被乘数第二位2为偶数,“偶补倍”,其本个为6,后位8,“超$\underset{\cdot}{6}$进2”,本个6加后进2,第二位积是8;(3) 被乘数8为偶数,“偶补倍”,本个为4,无后进,最后一位积为4。本题结果为984。

例 2：6,6 6 7 × 3

运算：0 6 6 6 7 × 3 ……… 原式

　　8 8 8 1 　　……… 本个

　2 2 2 2 　　……… 后进

　2 0,0 0 1 　……… 乘积

心算过程：(1) 被乘数的第一位、第二位、第三位都是6，再向后看第4位是7，7大于6，“超$\dot{6}$进2”，积的首位是2；(2) 6是偶数，“偶补倍”，本个为8，后三位667大于666进2，本个8加后进2得10，“舍十记个”，积的第二位是0；(3) 被乘数的第二位6为偶数，“偶补倍”，本个为8，后两位67进2，本个8加后进2得10，积的第三位也是0；(4) 被乘数的第三位6为偶数，“偶补倍”，本个为8，后一位7，“超$\dot{6}$进2”，本个8加后进2得10，积的第四位也是0；(5) 最后一位7为奇数，“奇补倍加5”，本个为1，可以直接写。本题结果为20,001。

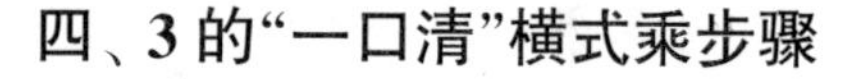

四、3的“一口清”横式乘步骤

例：7,5 3 8 × 3

运算：0 7 5 3 8 × 3

　= 2 2,6 1 4

0 的本个 0 加 7 的进位 2 得 2

7 的本个 1 加 5 的进位 1 得 2

5 的本个 5 加 38 的进位 1 得 6

3 的本个 9 加 8 的进位 2 得 1

8 的本个 4 无后进得 4

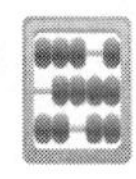

练　　习

用“一口清”心算下表各题。

被乘数	乘数	积	被乘数	乘数	积	被乘数	乘数	积
39	3		263	3		1,873	3	
46	3		308	3		2,194	3	
58	3		197	3		3,248	3	
62	3		482	3		4,651	3	
74	3		570	3		5,387	3	
85	3		649	3		6,319	3	
97	3		736	3		7,629	3	
79	3		895	3		8,165	3	
86	3		931	3		9,472	3	
98	3		968	3		8,967	3	

第六节　6 的“一口清”心算乘法

一、6 的个位律

用 6 分别去乘 1、2、3、4、5、6、7、8、9，被乘数与它的本个数的对应关系如下：

1	2	3	4	5	6	7	8	9……被乘数
⋮	⋮	⋮	⋮	⋮	⋮	⋮	⋮	⋮
6	2	8	4	0	6	2	8	4……本个数

从上面的对应关系可以看出,6与偶数相乘,其本个就是该偶数本身,如 $8\times6=48$,其本个是8(舍十记个);当6与奇数相乘，就是奇数本身加5，如 $9\times6=54$,9加5得14,其本个是4。因此6的本个律可以归纳为**"偶自身,奇加5"**。

二、6的进位律

6的进位律有5句口诀,即**"超16进1,超3进2,满5进3,超6进4,超83进5"**。

判断某一位数是超还是不超,要往后多看一位,如首位是1,就要往后多看一位,再与16比较,大于16(如17)进1,否则不进。为了快速看出后进数,一般采用双位观察法:当被乘数大于或等于17而小于34(17~33)时进1;当被乘数大于或等于34而小于50(34~49)时进2;当被乘数大于或等于50而小于67(50~66)时进3;当被乘数大于或等于67而小于84(67~83)时进4;当被乘数大于或等于84(84~99)时进5。

三、6的"一口清"竖式乘步骤

例1: 8 7 × 6

运算: 0 8 7 × 6 ……… 原式

  8 2 ……… 本个

 5 4 ……… 后进

———————

 5 2 2 ……… 乘积

教师和家长留言

JIAOSHI HE JIAZHANG LIUYAN

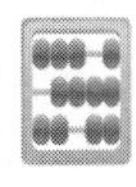

心算过程：(1) 双位观察，被乘数 87 大于 83，“超 $8\dot{3}$ 进 5”，积的首位是 5；(2) 被乘数首位 8 是偶数，“偶自身”，本个为 8，后位 7，“超 $\dot{6}$ 进 4”，本个 8 加后进 4 得 12(舍十记个)，积的第二位是 2；(3)被乘数末位 7 是奇数，“奇加5”，本个为 2，无后进，积的末位是 2。本题结果为 522。

例 2： 1 6 7 × 6

运算： 0 1 6 7 × 6 ……… 原式

6 6 2 ……… 本个

1 4 4 ……… 后进

1,0 0 2 ……… 乘积

心算过程：(1) 被乘数前两位 16，多看一位 7，“超 $1\dot{6}$ 进 1”，积的首位是 1；(2) 1 是奇数，“奇加 5”，本个是 6，后两位 67，“超 $\dot{6}$ 进 4”，本个 6 加后进 4 得 10(舍十记个)，积的第二位是 0；(3) 被乘数第二位 6 为偶数，“偶自身”，本个是 6，后位 7，“超 $\dot{6}$ 进 4”，本个 6 加后进 4 得 10(舍十记个)，积的第三位是 0；(4) 被乘数的末位 7 是奇数，“奇加 5”，7 加 5 得 12(舍十记个)，积的末位是 2。本题结果为 1,002。

例 3： 8,3 6 5 × 6

运算： 0 8 3 6 5 × 6 ……… 原式

8 8 6 0 ……… 本个

5 2 3 3 ……… 后进

---

5 0,1 9 0 ……… 乘积

心算过程:(1) 被乘数前两位 83,多看一位 6,"超 83 进 5",积的首位是 5;(2) 被乘数 8 是偶数,"偶自身",本个为 8,后两位 36 大于 33,"超 3 进 2",本个 8 加后进 2 得 10(舍十记个),积的第二位是 0;(3) 被乘数第二位 3 是奇数,"奇加 5",本个是 3 加 5 得 8,后两位 65 小于 67,"满 5 进 3",本个 8 加后进 3 得 11(舍十记个),积的第三位是 1;(4) 被乘数的第三位 6 是偶数,"偶自身",本个是 6,后位是 5,"满 5 进 3", 本个 6 加后进 3 得 9, 积的第四位是 9;(5) 被乘数的末位 5 是奇数,"奇加 5",本个是 5 加 5 得 10(舍十记个),无后进,积的末位是 0。本题结果是 50,190。

四、6 的"一口清"横式乘步骤

例 1: 4,6 9 8 × 6

运算: 0 4 6 9 8 × 6

= 2 8,1 8 8

- 0 的本个 0 加后位 4 的进位 2 得 2
- 4 的本个 4 加后位 69 的进位 4 得 8
- 6 的本个 6 加后位 9 的进位 5 得 1
- 9 的本个 4 加后位 8 的进位 4 得 8
- 8 的本个 8 无后进得 8

例 2：97,815 × 6

运算：097815 × 6

= 586,890

0 的本个 0 加后位 9 的进位 5 得 5

9 的本个 4 加后位 7 的进位 4 得 8

7 的本个 2 加后位 81 的进位 4 得 6

8 的本个 8 无后进得 8

1 的本个 6 加后位 5 的进位 3 得 9

5 的本个 0 无后进得 0

练　　习

用“一口清”心算下表各题。

被乘数	乘数	积	被乘数	乘数	积	被乘数	乘数	积
38	6		385	6		4,752	6	
72	6		276	6		8,319	6	
61	6		963	6		2,674	6	
53	6		724	6		7,893	6	
25	6		318	6		9,546	6	
19	6		675	6		8,781	6	
86	6		984	6		87,923	6	
37	6		276	6		91,034	6	
69	6		756	6		56,879	6	
96	6		829	6		65,178	6	

第七节　9 的“一口清”心算乘法

一、9 的个位律

用 9 分别去乘 1、2、3、4、5、6、7、8、9，被乘数与它的本个数的对应关系如下：

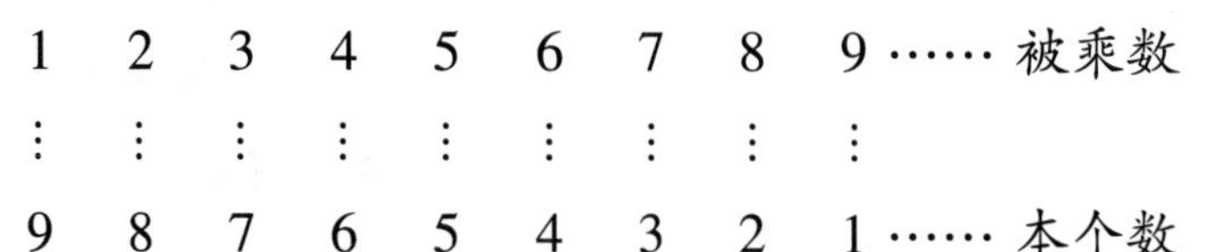

1	2	3	4	5	6	7	8	9	……被乘数
⋮	⋮	⋮	⋮	⋮	⋮	⋮	⋮	⋮	
9	8	7	6	5	4	3	2	1	……本个数

从上面的对应关系可以看出，任何一位数与 9 相乘，其本个数恰好是被乘数自身的补数，因此 9 的个位律可归纳为“**9 自补**”。

二、9 的进位律

9 的进位律是“超几进几”，也可以说是超几的循环进几，即“**超 1̇ 进 1、超 2̇ 进 2、超 3̇ 进 3、超 4̇ 进 4、超 5̇ 进 5、超 6̇ 进 6、超 7̇ 进 7、超 8̇ 进 8**”。

9 的进位律用双位观察法也比较方便。当被乘数大于或等于 12 而小于 23(12~22)时进 1；当被乘数大于或等于 23 而小于 34(23~33)时进 2；当被乘数大于或等于 34 而小于 45(34~44)时进 3；当被乘数大于或等于 45 而小于 56(45~55)时进 4；当被乘数大于或等于 56 而小于 67（56~66）时进 5；当被乘数大于或等于 67 而小于 78(67~77)时进 6；当被乘数大于或等于 78 而小于 89(78~88）时进 7；当被乘数大于或等于 89 而小于或等于99(89~99)时进 8。

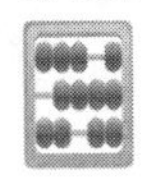

在实际计算中,要看每一位数的后一位是几。如果后一位大于前一位,进位就是前一位上的数,如35×9,后一位5大于3就是超3̇,所以进位就是前一位上的数3;如果被乘数后一位小于前一位,进位数就比前一位上数少1,如64×9,后位4小于前一位6没有超6̇,进位是5;如果被乘数后几位与前一位相同,必须看到能够比较大小为止。

三、9的"一口清"竖式乘步骤

例1: 8 2 6 × 9

运算: 0 8 2 6 × 9 ……… 原式

2 8 4 ……… 本个

7 2 5 ……… 后进

7,4 3 4 ……… 乘积

心算过程:(1) 被乘数首位8,第二位2比8小,进位7,积的首位是7;(2) 被乘数首位8,由"9自补"知本个为2,后位2的下一位6大于2,进位2,本个2加后进2得4,积的第二位是4;(3) 被乘数第二位2,由"9自补"知本个为8,后位6看成60进位5,本个8加后进5得13(舍十记个),积的第三位是3;(4) 被乘数的末位6,由"9自补"知积的末位是4。本题结果是7,434。

例2: 4,6 6 8 × 9

运算: 0 4 6 6 8 × 9 ……… 原式

6 4 4 2 ……… 本个

4 6 6 7 ……… 后进

4 2,0 1 2 ……… 乘积

心算过程:(1) 被乘数的首位 4,第二位 6 大于 4,进位 4,积的首位是 4;(2) 被乘数首位 4,由"9 自补"知本个是 6,后两位都是6,要看第三位,第三位 8 比 6 大,进位 6,本个 6 加后进 6 得 12 (舍十记个),积的第二位是 2;(3) 被乘数第二位 6,由"9 自补"知本个为 4,后两位 68,"超 6 进 6",本个 4 加后进 6 得 10(舍十记个),积的第三位是 0;(4) 被乘数第三位 6,由"9 自补"知本个为 4,后位 8 看成 80,进位 7,本个 4 加后进 7 得 11(舍十记个),积的第四位是 1;(5) 被乘数末位 8,由"9 自补"知积的末位是 2。本题结果是 42,012。

例 3: 3 9,2 0 8 × 9

运算: 0 3 9,2 0 8 × 9 ……… 原式

7 1 8 0 2 ……… 本个

3 8 1 0 7 ……… 后进

3 5 2,8 7 2 ……… 乘积

心算过程:(1) 被乘数首位 3,第二位 9 大于 3,进位 3,积的首位是 3;(2) 被乘数首位 3,由"9 自补"知本个是 7,后两位 92,"超 8 进 8",本个 7 加后进 8 得 15(舍十记个),积的第二位是 5;(3) 被乘数的第二位 9,由"9 自补"知本个是 1,后两位 20,"超 1 进 1",本个 1 加后进 1 得 2,积的第三位是 2;(4) 被乘数的第三位 2,由"9 自补"知本个为 8,后位 0 无后进,积的第四位是 8;(5) 被乘数的第四位 0,本个是 0,后位 8,看作 80 进位 7,本个 0 加后进 7 得 7,积的第五位是 7;(6) 被乘数末位 8,由"9 自补"知本个为 2,无后进,积的末位是 2。本题结果是 352,872。

四、9 的"一口清"横式乘步骤

例 1: 7,2 5 9 × 9

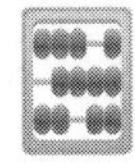

运算：0 7 2 5 9 × 9

= 6 5,3 3 1

0的本个0加后两位72的进位6得6

7的本个3加后两位25的进位2得5

2的本个8加后两位59的进位5得3

5的本个5加后位9的进位8得3

9的本个1无后进得1

例2：4 7,6 9 5 × 9

运算：0 4 7 6 9 5 × 9

= 4 2 9,2 5 5

0的本个0加后两位47的进位4得4

4的本个6加后两位76的进位6得2

7的本个3加后两位69的进位6得9

6的本个4加后位9的进位8得2

9的本个1加后位5的进位4得5

5的本个5无后进得5

练　　习

用“一口清”心算下表各题。

被乘数	乘数	积	被乘数	乘数	积	被乘数	乘数	积
41	9		812	9		9,065	9	
23	9		193	9		7,183	9	
94	9		381	9		6,327	9	
86	9		472	9		5,984	9	
78	9		843	9		2,641	9	

（续表）

被乘数	乘数	积	被乘数	乘数	积	被乘数	乘数	积
13	9		657	9		6,854	9	
68	9		596	9		35,476	9	
89	9		819	9		87,923	9	
34	9		389	9		48,765	9	
49	9		728	9		56,879	9	

第八节　8的“一口清”心算乘法

一、8的个位律

用8分别去乘1、2、3、4、5、6、7、8、9，被乘数与它的本个数对应关系如下：

1　2　3　4　5　6　7　8　9……被乘数

⋮　⋮　⋮　⋮　⋮　⋮　⋮　⋮　⋮

8　6　4　2　0　8　6　4　2……本个数

从上面的对应关系可以看出，任何一位数与8相乘，其本个就是被乘数本身补数自倍的个位数。如6×8=48，6的补数是4，4的自倍为8，所以6的本个是8；如3×8=24，3的补数是7，7的自倍是14，所以3的本个为4。因此8的本个律可归纳为“**8补倍**”或“**8倍补**”。

二、8的进位律

8的进位律共有七句口诀，即“**满125进1，满250进2，满375进3，满500进4，满625进5，满750进6，满875进7**”。

乘数是 8 的进位律用双位观察法来判断进位比较方便。当被乘数大于或等于 13 而小于 25(13~24)时进 1;当被乘数大于或等于 25 而小于 38(25~37)时进 2;当被乘数大于或等于 38 而小于 50(38~49)时进 3;当被乘数大于或等于 50 而小于 63(50~62)时进 4;当被乘数大于或等于 63 而小于 75(63~74)时进 5;当被乘数大于或等于 75 而小于 88(75~87)时进 6;当被乘数大于或等于 88 而小于或等于 99(88~99)时进 7。但要注意,如果被乘数是 12、37、62、87 时还要观察第三位。第三位大于或等于 5 时就进相应的位数,第三位小于 5 时就少进 1,如 627×8 的被乘数第三位 7 大于 5,进位是 5,而 624×8 的被乘数第三位小于 5,所以进位是 4。

三、8 的“一口清”竖式乘步骤

例 1: 8 9 × 8

运算: 0 8 9 × 8 ……… 原式
  4 2 ……… 本个
 7 7 ……… 后进

 7 1 2 ……… 乘积

心算过程:(1) 被乘数 89 看成 890“满 875 进 7”,积的首位是 7;(2) 被乘数的第一位是 8,“8 补倍”,本个是 4,下一位 9 看成 900,“满 875 进 7”,本个 4 加后进 7 得 11(舍十记个),积的第二位是 1;(3) 被乘数的末位 9,“8 补倍”,本个是 2,无后进,积的末位是 2。本题结果是 712。

例 2: 3 8 2 × 8

运算: 0 3 8 2 × 8 ……… 原式

446 ……… 本个

361 ……… 后进

3,056 ……… 乘积

心算过程:(1) 被乘数前两位38小于49,由双位观察法知积的首位是3;(2) 被乘数首位3,“8补倍”,本个是4。后两位82大于75小于88,“满75进6”,本个4加后进6得10(舍十记个),积的第二位是0;(3) 被乘数第二位8,“8补倍”,本个是4,末位2看成20,大于13,小于25,后进1,本个4加后进1,得5,积的第三位是5;(4) 被乘数的末位是2,“8补倍”,本个是6,无后进,积的末位是6。本题结果是3,056。

例3: 2,7 5 4 × 8

运算: 0 2 7 5 4 × 8 ……… 原式

6602 ……… 本个

2643 ……… 后进

22,032 ……… 乘积

心算过程:(1) 被乘数前两位27,“满25进2”,积的首位是2;(2) 被乘数的首位2,“8补倍”,本个是6,后两位75,“满75进6”,本个6加后进6得12(舍十记个),积的第二位是2;(3) 被乘数的第二位7,“8补倍”,本个是6,后位5,“满5进4”,本个6加后进4得10(舍十记个),积的第三位是0;(4) 被乘数的第三位是5,“8补倍”,本个是0,后位4,看成400,“满375进3”,本个0加后进3得3,积的第4位是3;(5) 被乘数末位4,“8补倍”,本个是2,无后进,积的末位是2。本题结果是22,032。

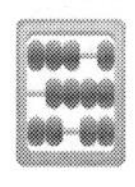

例4: 61,395 × 8

运算: 061395 × 8 ········· 原式

88420 ········· 本个

41374 ········· 后进

491,160 ········· 乘积

心算过程:(1) 被乘数前两位61,小于63,大于50,进4,积的首位是4;(2) 被乘数首位6,“8补倍”,本个是8,后三位139,“满125进1”,本个8加后进1,积的第二位是9;(3) 被乘数第二位1,“8补倍”,本个是8,后三位395,“满375进3”,本个8加后进3得11(舍十记个),积的第三位是1;(4) 被乘数第三位3,“8补倍”,本个是4,后两位95, 看成950,“满875进7”, 本个4加后进7得11(舍十记个),积的第4位是1;(5) 被乘数第四位9,“8补倍”,本个是2,后位5,“满5进4”,本个2加后进4,积的第五位是6;(6) 被乘数末位5,“8补倍”,本个是0,无后进,积的末位是0。本题结果是491,160。

四、8的“一口清”横式乘步骤

例1: 6,275 × 8

运算: 06275 × 8

= 50,200

- 0的本个0加后三位627的进位5得5
- 6的本个8加后两位27的进位2得0
- 2的本个6加后两位75的进位6得2
- 7的本个6加后位5的进位4得0
- 5的本个0无后进得0

例 2： 8 5,9 3 8 × 8

运算： 0 8 5 9 3 8 × 8

= 6 8 7,5 0 4

0 的本个 0 加后两位 85 的进位 6 得 6

8 的本个 4 加后位 5 的进位 4 得 8

5 的本个 0 加后位 9 的进位 7 得 7

9 的本个 2 加后两位 38 的进位 3 得 5

3 的本个 4 加后位 8 的进位 6 得 0

8 的本个 4 无后进得 4

练　习

用“一口清”心算下表各题。

被乘数	乘数	积	被乘数	乘数	积	被乘数	乘数	积
91	8		958	8		7,621	8	
75	8		126	8		2,317	8	
16	8		415	8		9,328	8	
87	8		689	8		7,189	8	
28	8		247	8		3,419	8	
35	8		395	8		7,926	8	
63	8		598	8		6,034	8	
43	8		534	8		3,891	8	
89	8		142	8		6,329	8	
38	8		869	8		9,475	8	

教师和家长留言
JIAOSHI HE JIAZHANG LIUYAN

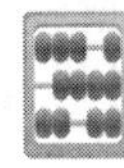

第九节　7的“一口清”心算乘法

一、7的个位律

用7分别去乘1、2、3、4、5、6、7、8、9，被乘数与它的本个数对应关系如下：

1	2	3	4	5	6	7	8	9	…… 被乘数
⋮	⋮	⋮	⋮	⋮	⋮	⋮	⋮	⋮	
7	4	1	8	5	2	9	6	3	…… 本个数

从上面的对应关系可以看出，凡是偶数与7相乘，其本个数就是该偶数的自倍数的个位数，如4×7=28，4的自倍本个数是8；8×7=56，8的自倍本个数是6。凡是奇数与7相乘，其本个数就是该奇数自倍后的个位数加5，如3×7=21，3的自倍是6，6+5=11，本个是1；9×7=63，9的自倍数是18(舍十取个)，8+5=13，本个是3。所以7的本个律可归纳为“**偶自倍，奇自倍加5**”。

二、7的进位律

7的进位律共有六句口诀，即“**超$\dot{1}4285\dot{7}$进1，超$\dot{2}8571\dot{4}$进2，超$\dot{4}2857\dot{1}$进3，超$\dot{5}7142\dot{8}$进4，超$\dot{7}1428\dot{5}$进5，超$\dot{8}5714\dot{2}$进6**”。从这几句口诀来看，7的进位律难度较大，这些进位律的数字都是六个数字的循环。为了帮助记忆，特制作下图。本图具有三个特点：

(1) 图中没有3、6、9；

(2) 1在上，8在下，双数在右，单数在左；

(3) 相对两数之和为9。

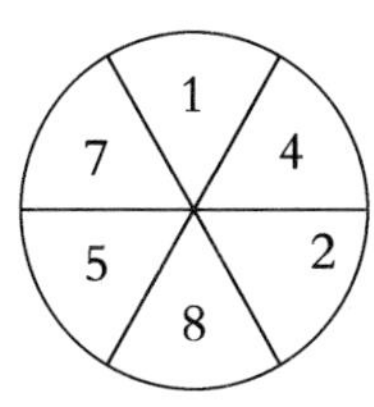

在实际计算中，绝大多数的数字只要看前两位就可以判断出进位还是不进位，一般采用双位观察法比较方便。

被乘数前两位大于14而小于29(15~28)时进1；前两位大于28而小于43(29~42)时进2；前两位大于42而小于58(43~57)时进3；前两位大于57而小于72(58~71)时进4；前两位大于71而小于86(72~85)时进5；前两位大于85而小于或等于99(86~99)时进6。

如果被乘数前两位正好是14、28、42、57、71、85时，那么就要向后看，观察第三位、第四位、……，再按照7的进位律判断是否进位。

三、7的"一口清"竖式乘步骤

例1: 4 3 9 × 7

运算:

0 4 3 9 × 7	………	原式
8 1 3	………	本个
3 2 6	………	后进
3,0 7 3	………	乘积

心算过程:(1) 被乘数前两位43，"超$\dot{4}2857\dot{1}$进3"，积的首位是3；(2) 4是偶数，"偶自倍"，本个为8。后位39"超$\dot{2}8571\dot{4}$进2"，本个8加后进2得10(舍十记个)，积的第二位是0；(3) 被乘数第二位3是奇数，"奇自倍加5"，本个是1，末位9"超$\dot{8}5714\dot{2}$进6"，本个1加后进6得7，积的第三位是7；(4) 被乘数末位9是奇数，"奇自倍加5"，本个是3，无后进，积的末位是3。本题结果是3,073。

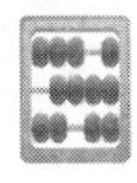

例 2: 5,7 1 2 × 7

运算: 0 5 7 1 2 × 7 ……… 原式
　　5 9 7 4 ……… 本个
　3 4 0 1 ……… 后进

3 9,9 8 4 ……… 乘积

心算过程:(1) 被乘数前两位 57,再看前三位 571,还看不出是否进位,再看前四位 5712,不超 571428,不进 4,"超 428571 进 3",积的首位是 3;(2) 5 是奇数,"奇自倍加 5",本个是 5,后三位 712 不超 714285,不进 5,"超 571428 进 4",本个 5 加后进 4 得 9,积的第二位是 9;(3) 被乘数第二位 7 是奇数,"奇自倍加 5",本个是 9,后两位 12 无进位,积的第三位是 9;(4) 被乘数的第三位 1 是奇数,"奇自倍加 5",本个是 7,后位 2 看成 20,大于 14 进 1,本个 7 加后进 1 得 8,积的第 4 位是 8;(5) 被乘数的末位 2 是偶数,"偶自倍",本个是 4,无后进,积的末位是 4。本题结果是 39,984。

四、7 的"一口清"横式乘步骤

例 1: 4,5 2 8 × 7

运算: 0 4 5 2 8 × 7

= 3 1,6 9 6

0 的本个 0 加后两位 45 的进位 3 得 3。

4 的本个 8 加后两位 52 的进位 3 得 1。

5 的本个 5 加后两位 28 的进位 1 得 6。

2 的本个 4 加后位 8 的进位 5 得9。

8 的本个 6 无后进得 6。

例 2: 7 6,8 5 3 × 7

运算: 0 7 6 8 5 3 × 7

= 5 3 7,9 7 1

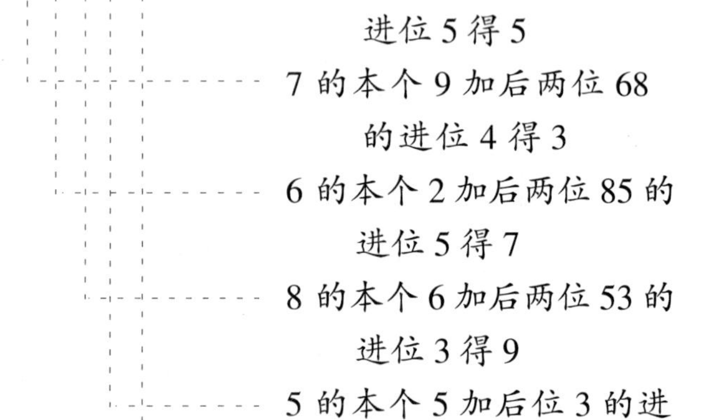

练　习

用“一口清”心算下表各题。

被乘数	乘数	积	被乘数	乘数	积	被乘数	乘数	积
93	7		745	7		9,358		7
41	7		628	7		2,684		7
59	7		341	7		3,546		7
82	7		829	7		8,735		7
15	7		574	7		7,183		7
48	7		683	7		3,049		7
73	7		948	7		4,857		7
27	7		236	7		29,438		7
36	7		719	7		58,364		7

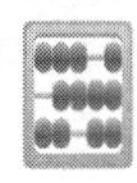

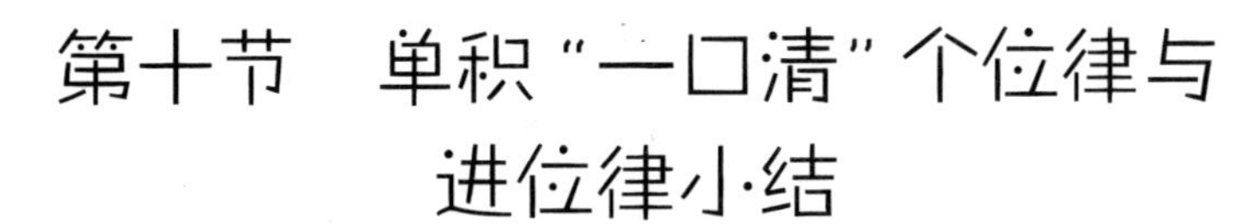

第十节　单积"一口清"个位律与进位律小结

在前几节内容中,我们讲过的多位数乘一位数,都是不动笔、不拨珠,利用心算直接报答数,这就叫单积"一口清"。单积"一口清"是乘法与除法的基础,熟练掌握了单积"一口清",就能变乘除为加减,实现乘除的降级运算。这是珠心算一大难点,也是珠心算魅力之所在。为了使儿童对单积"一口清"做到熟练掌握、快速反应、准确无误,现将其个位律和进位律小结如下:

一、个位律

(1) 概述法

乘　数	个 位 律
2	自倍
3	偶倍补 奇倍补加 5
4	偶补 奇凑
5	偶 0 奇 5
6	偶自身 奇加 5
7	偶自倍 奇自倍加 5
8	倍补
9	自补

把单积“一口清”个位律用简单几个字高度概括来表述是一个较好的记忆方法，但其中部分结论儿童难以掌握，如 3 乘奇数，个位律是“倍补加 5”，即先自倍，再取补数，后加 5。这个思维过程较复杂，儿童一时难以接受，教师可视实际情况，自行选择适合儿童的有效教学方法，多举例子，反复训练。

(2) 口诀法

口诀是人类经验的总结，智慧的结晶，科学的高度概括。适当地引入口诀，对珠心算教学有利，特别是乘法的“九九口诀”对儿童学习珠心算的乘法与除法至关重要。

附 1：**乘法表**

×	1	2	3	4	5	6	7	8	9
1	1	2	3	4	5	6	7	8	9
2	2	4	6	8	10	12	14	16	18
3	3	6	9	12	15	18	21	24	27
4	4	8	12	16	20	24	28	32	36
5	5	10	15	20	25	30	35	40	45
6	6	12	18	24	30	36	42	48	54
7	7	14	21	28	35	42	49	56	63
8	8	16	24	32	40	48	56	64	72
9	9	18	27	36	45	54	63	72	81

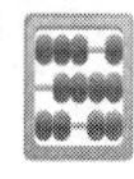

附2：九九口诀

1101	1202	1303	1404	1505
1606	1707	1808	1909	
2102	2204	2306	2408	2510
2612	2714	2816	2918	
3103	3206	3309	3412	3515
3618	3721	3824	3927	
4104	4208	4312	4416	4520
4624	4728	4832	4936	
5105	5210	5315	5420	5525
5630	5735	5840	5945	
6106	6212	6318	6424	6530
6636	6742	6848	6954	
7107	7214	7321	7428	7535
7642	7749	7856	7963	
8108	8216	8324	8432	8540
8648	8756	8864	8972	
9109	9218	9327	9436	9545
9654	9763	9872	9981	

(3) 图示法

我们把乘数分为奇数和偶数两类。

乘数为奇数的个位律按电话号码排列，如：

奇　数
个位律

1	2	3
4	5	6
7	8	9

奇数中 1 的个位数是其自身,9 的个位数是其补数,5 的个位数是偶 0 与奇 5,这些都比较简单。但 3 和 7 的个位数是个难点,如:

乘数 3 个位律

7 / 1	4 / 2	1 / 3
8 / 4	5 / 5	2 / 6
9 / 7	6 / 8	3 / 9

左上角是被乘数
右下角是积的个位数

乘数 7 个位律

3 / 1	6 / 2	9 / 3
2 / 4	5 / 5	8 / 6
1 / 7	4 / 8	7 / 9

左上角是被乘数
右下角是积的个位数

乘数为偶数的个位律,如:

偶　数
个位律

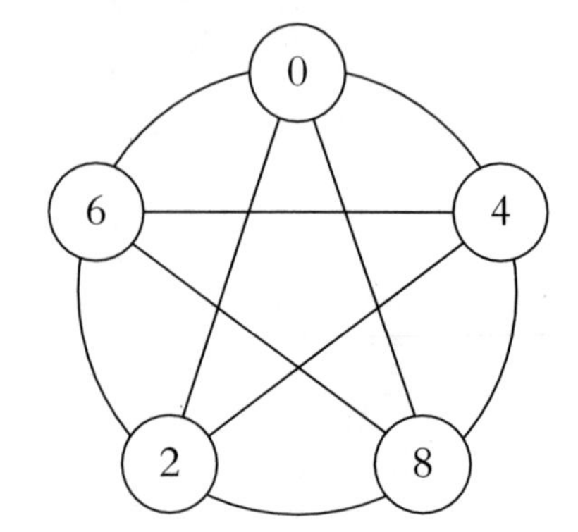

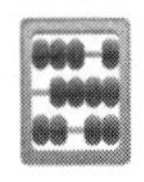

乘数2,积的个位数:自2开始画五角星的数2、4、6、8、0。

积的个位数 被乘数 / 乘数	1 6	2 7	3 8	4 9	5
2	2	4	6	8	0

乘数8,积的个位数:自8开始画五角星的数8、6、4、2、0。

积的个位数 被乘数 / 乘数	1 6	2 7	3 8	4 9	5
8	8	6	4	2	0

乘数4,积的个位数:自4开始在圆圈上按顺时针方向的数4、8、2、6、0。

积的个位数 被乘数 / 乘数	1 6	2 7	3 8	4 9	5
4	4	8	2	6	0

乘数6,积的个位数:自6开始在圆圈上按逆时针方向的数6、2、8、4、0。

积的个位数 被乘数 / 乘数	1 6	2 7	3 8	4 9	5
6	6	2	8	4	0

二、进位律

传统珠算，口诀太多，难以记忆；珠心算乘除依赖于单积“一口清”，而单积“一口清”必须提前进位，又难以掌握，这是珠心算的一大难点。为了解决这个难点，使珠心算能快起来，特制作下表：

乘数	后进条件	后进数
2	满 5	1
3	超 $\dot{3}$	1
	超 $\dot{6}$	2
4	满 25	1
	满 50	2
	满 75	3
5	满 2	1
	满 4	2
	满 6	3
	满 8	4
6	超 $1\dot{6}$	1
	超 $\dot{3}$	2
	满 5	3
	超 $\dot{6}$	4
	超 $8\dot{3}$	5
7	超 $\dot{1}4285\dot{7}$	1
	超 $\dot{2}8571\dot{4}$	2
	超 $\dot{4}2857\dot{1}$	3

乘数	后进条件	后进数
7	超 $\dot{5}7142\dot{8}$	4
	超 $\dot{7}1428\dot{5}$	5
	超 $\dot{8}5714\dot{2}$	6
8	满 125	1
	满 250	2
	满 375	3
	满 500	4
	满 625	5
	满 750	6
	满 875	7
9	超 $\dot{1}$	1
	超 $\dot{2}$	2
	超 $\dot{3}$	3
	超 $\dot{4}$	4
	超 $\dot{5}$	5
	超 $\dot{6}$	6
	超 $\dot{7}$	7
	超 $\dot{8}$	8

注：(1) 0 只占位不拨珠，乘数是 0 不需乘；

(2) 乘数是 1 没有后进数；

(3) “满”即“大于”或“等于”的意思，“超”即“大于”的意思。

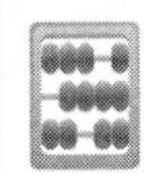

观察进位律表可以发现，乘数2～9可以分为两大类：

第一类乘数：2、4、5、8，它们的后进条件都是有限小数（能除尽）；

第二类乘数：3、6、7、9，它们的后进条件都是无限循环小数（除不尽）。

当乘数乘被乘数的本位数时，究竟需要观察本位数后面的几位数才能确定后进数，这有个基本原则，即能用一位不用两位，能用两位不用三位……反之，一位不行用两位，两位不行用三位……

第一类乘数进位律表

乘数	后进条件			后进数
	一位数	二位数	三位数	
2	5、6、7、8、9			1
4	3、4	25		1
	5、6、7	50		2
	8、9	75		3
8	2	13 ～24	125	1
	3	25 ～37	250	2
	4	38 ～ 49	375	3
	5、6	50 ～ 62	500	4
	7	63 ～ 74	625	5
	8	75 ～ 87	750	6
	9	88 ～99	875	7
5	2、3			1
	4、5			2
	6、7			3
	8、9			4

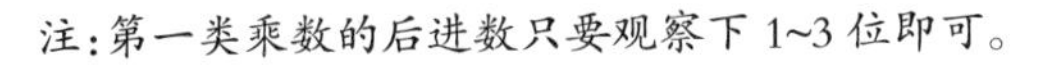
注：第一类乘数的后进数只要观察下1~3位即可。

第二类乘数进位律表

乘数	后进条件			后进数
	一位数	二位数	三位数	
3	4、5、6	34 ~ 66	334 ~ 666	1
	7、8、9	67 ~ 99	667 ~ 999	2
6	2、3	17 ~ 33	167 ~ 333	1
	4	34 ~ 49	334 ~ 499	2
	5、6	50 ~ 66	500 ~ 666	3
	7、8	67 ~ 83	667 ~ 833	4
	9	84 ~ 99	834 ~ 999	5
9	2	12 ~ 22	112 ~ 222	1
	3	23 ~ 33	223 ~ 333	2
	4	34 ~ 44	334 ~ 444	3
	5	45 ~ 55	445 ~ 555	4
	6	56 ~ 66	556 ~ 666	5
	7	67 ~ 77	667 ~ 777	6
	8	78 ~ 88	778 ~ 888	7
	9	89 ~ 99	889 ~ 999	8
7	2	15 ~ 28	143 ~ 285	1
	3、4	29 ~ 42	286 ~ 428	2
	5	43 ~ 57	429 ~ 571	3
	6、7	58 ~ 71	572 ~ 714	4
	8	72 ~ 85	715 ~ 857	5
	9	86 ~ 99	858 ~ 999	6

注：第二类乘数用 2~3 位数判断后进数，基本上能满足需要。但对于特殊数，即被乘数下 2~3 位数与后进条件的前 2~3 位数完全相同，必须继续向后位看，直至不同数为止。

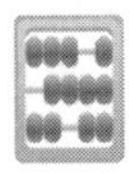

第十一节　单积“一口清”数学原理

设乘数为 K，则 K 为大于或等于 2、小于或等于 9 的整数，后进条件只有等于 $1/K$ 时，后进数才能是 1。因为 $K\times1/K=1$，$K\times2/K=2$，……

例 1： 3 × ？ = 1

题中“？”只有等于1/3 时，上式成立。

$1/3=0.333\cdots$，所以后进条件只有超$\dot{3}$ 才能进 1。

例 2： 7 × ？ = 3

题中“？”只有等于3/7 时，上式成立。

$3/7=0.\dot{4}2857\dot{1}$，所以后进条件只有超 $\dot{4}2857\dot{1}$ 才能进 3。

例 3： 8 × ？ = 5

题中“？”只有等于5/8时，上式成立。

5/8=0.625，0.625是有限小数，所以后进条件只有满 625 时，才能进 5。

第十二节　单积“一口清”以减代乘法

单积“一口清”的方法很多，目前普遍使用的方法是“本个”加“后进”。但这个方法本位律和进位律都比较复杂，记忆量大，教师难教，学生难学。上课时，每进入单积“一口清”教学阶段，有不少儿童望而却步，难以坚持下去。因此编者试图寻求一种尽可能减少拨珠次数、简化思维程序，使儿童容易理解又不需要大量记忆且操作简便和普遍适用的方法——单积“一口清”以减代乘法(简称以减代乘法，下同)。

这个方法是根据珠心算的“补数”概念，将9、8、7、6转换为1、2、3、4，以减代乘，实现降级运算，在教学过程中它可收到事半功倍的效果。

这个方法可实现下列目标：

(1)思维机械化。把常规的思维过程尽可能地固定下来，形成“条件反射”，从而达到简化思维过程的目的。

(2)操作程序化。第一步干什么，第二步干什么，或者先干什么，后干什么，尽量使操作过程形成简单稳定的程序。

(3)心算简单化。即方法简单化——思维简单化——心算简单化。在教学实践过程中，教师要讲清以下五个问题。

一、一位乘数分析

数字有0、1、……、9，共十个，我们把这十个数字分为三类：

第一类为0、1；

第二类为2、3、4、5；

第三类为6、7、8、9。

任何数乘0都等于0，任何数乘1等于这个数自身。

2、3、4、5是小数字，多位数乘其中任何一个数字都比较简单，所以第二类数字不是研究对象。

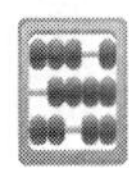

6、7、8、9 是大数字，本位律和进位律都比较复杂，儿童难以掌握，教师教学也感到困难，因此，第三类数字是单积"一口清"方法变革的重点。

二、以减代乘法的数学原理

设 y 为多位数，m，n 为一位数，且 m 为大数字，n 为小数字，$m+n=10$，即 m 与 n 互为"补数"。

$$y\times m=y\times(10-n)=10y-ny$$

$10y$即被乘数后面加一个 0；

$-ny$ 即减去被乘数与乘补(乘数的补数，下同)的积。

$$\begin{cases}9=10-1\\8=10-2\\7=10-3\\6=10-4\end{cases}$$

三、以减代乘法的理论依据

可规定

(1)两位数减一位数，差为两位数。

$35-8=\underset{\text{十个}}{2\ 7}$

$13-9=\underset{\text{十个}}{0\ 4}$(以 0 补位)

(2)两个一位数相乘，积为两位数。

$7\times4=\underset{\text{十个}}{2\ 8}$

$3\times2=\underset{\text{十个}}{0\ 6}$(以 0 补位)

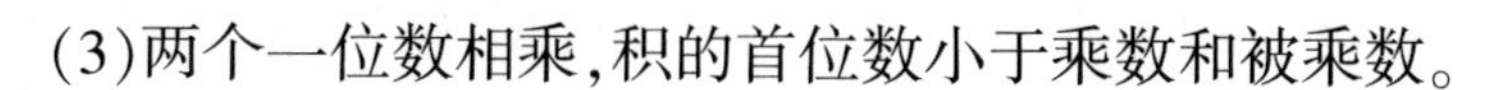

(3)两个一位数相乘,积的首位数小于乘数和被乘数。

$8 \times 6 = 48$

$$首积4\begin{cases}4 < 8\\4 < 6\end{cases}$$

$3 \times 2 = 06$

$$首积0\begin{cases}0 < 3\\0 < 2\end{cases}$$

(4)两位数减去十位数字与任何一位数(最大的一位数是9,本方法中最大的一位数是4)的积是够减的。

例1: $38 - 9 \times 3 = 38 - 27 = 11$

例2: $71 - 4 \times 7 = 71 - 28 = 43$

以上两例对于两位数整体而言都是够减的,但具体分析有两种类型,即第一类型为十位数够减、个位数也够减;第二类型为十位数够减、个位不够减。

第一类型:够减直减

$$\begin{aligned}&48 - 3 \times 4\\&= 48 - 12\begin{cases}4 - 1 = 3\\8 - 2 = 6\end{cases}\\&= 36\end{aligned}$$

第二类型:预留借1

$$\begin{aligned}&71 - 2 \times 7\\&= 71 - 14\begin{cases}7 - 1 = 5(预留1)\\1 - 4 = 7\end{cases}\\&= 57\end{aligned}$$

显然第二类型比第一类型略难。为了解决这个难点,要求儿童熟记下面的个位不够减的减法表。

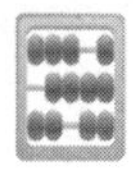

个位不够减的减法表

被减数 \ 减数 \ 差	1	2	3	4	5	6	7	8	9
0	9	8	7	6	5	4	3	2	1
1		9	8	7	6	5	4	3	2
2			9	8	7	6	5	4	3
3				9	8	7	6	5	4
4					9	8	7	6	5
5						9	8	7	6
6							9	8	7
7								9	8
8									9

四、以减代乘法操作方法

两位数减去十位数字与乘补的积仍是两位数,前位是积写下,后位是新被首(被减数的首位数字,下同)脑记。

以小换大,以减代乘,逐位清头,简便快捷。

例 1: 7,4 8 6 × 9

$= 7486 \times (10-1)$

$= 7486 \times 10 - 7486 \times 1$

$= 74860$

$- 7486$

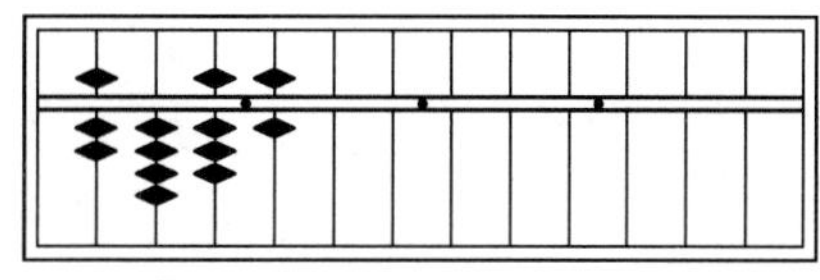

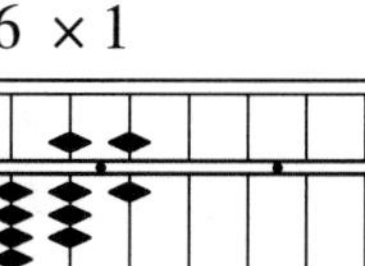

①　74
　－7
　67
　▲

写下 6，脑记 7。

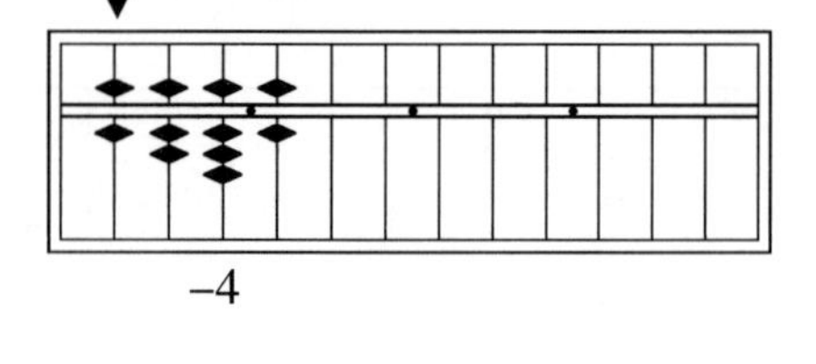

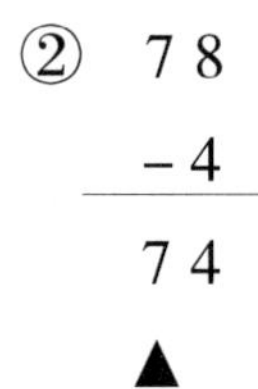

②　78
　－4
　74
　▲

写下 7，脑记 4。

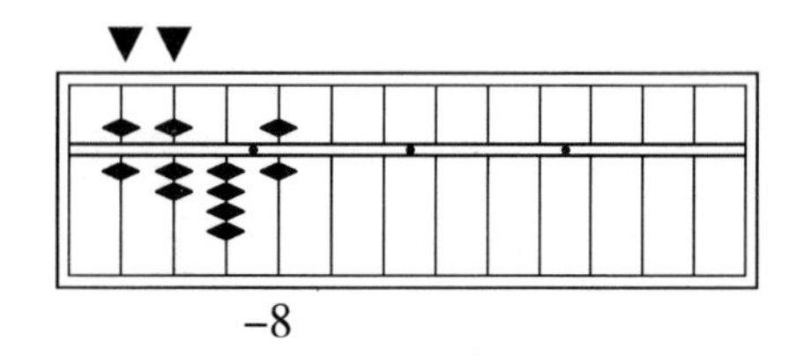

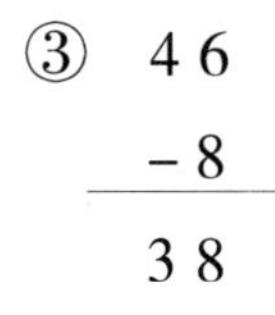

③　46
　－8
　38
　▲

写下 3，脑记 8。

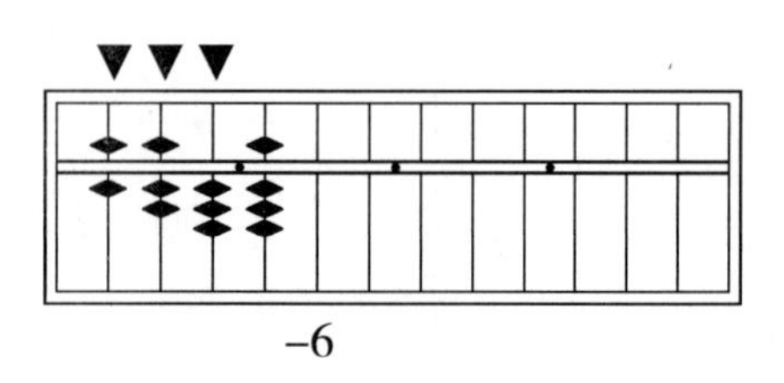

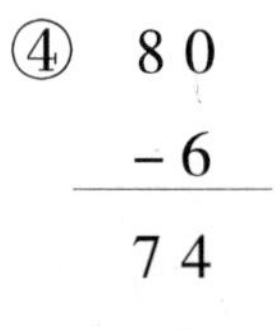

④　80
　－6
　74
　▲▲

写下 74。

答数：6,7374。

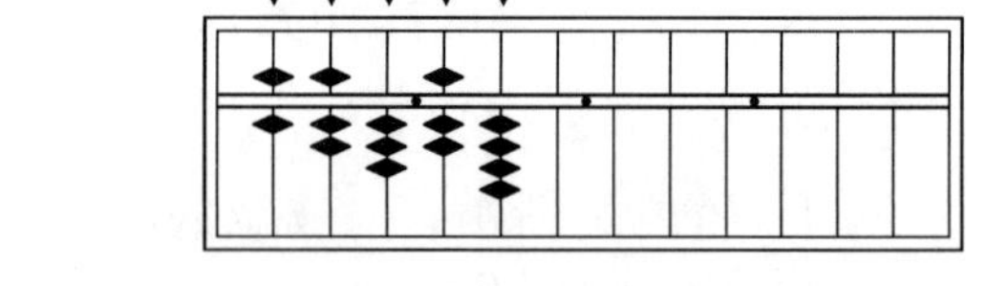

–0 2

例 2：1,758 × 8

$= 1758 \times (10 - 2)$

$= 1758 \times 10 - 1{,}758 \times 2$

$= 17580$

教师和家长留言
JIAOSHI HE JIAZHANG LIUYAN

-02
-14
-10
-16

① 17
-02
15
▲
写下1,脑记5。

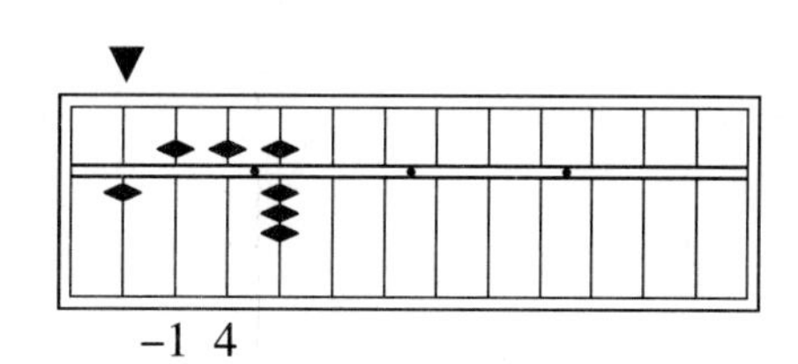

② 55
-14
41
▲
写下4,脑记1。

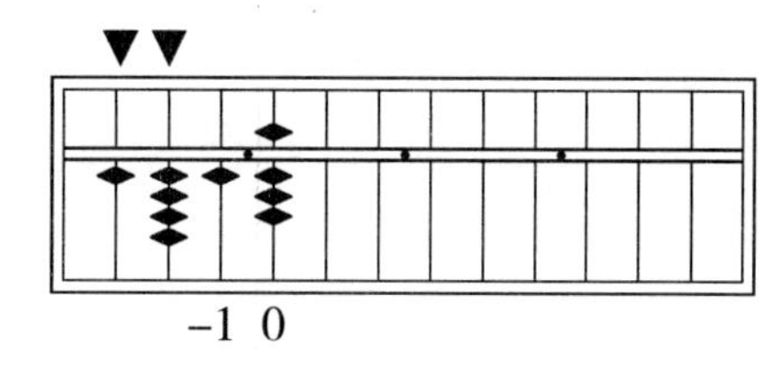

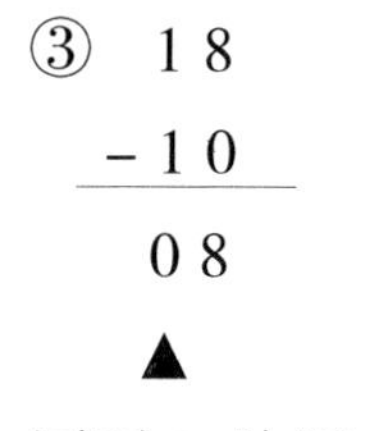

写下0,脑记8。

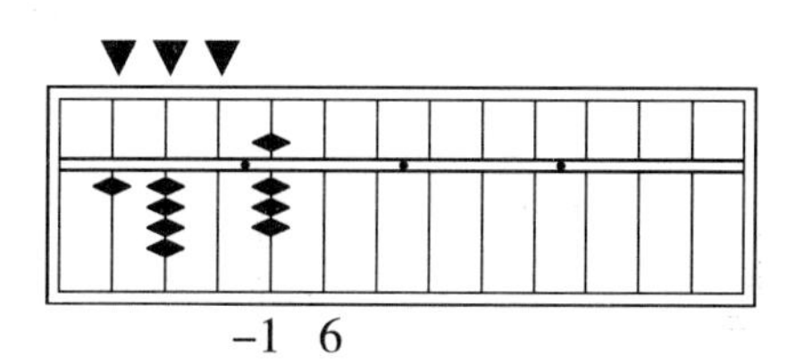

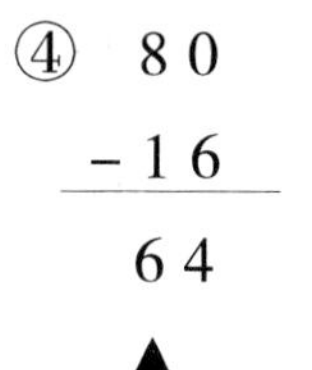

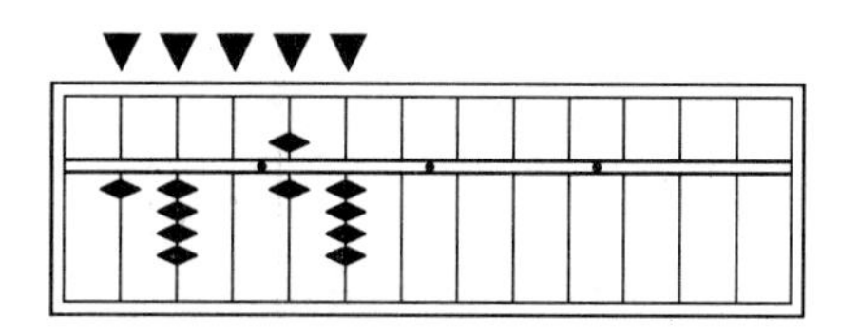

写下64。

答数:14,064。

例3：9,1 4 8 × 7

=9 1 4 8 ×（1 0 – 3）

=9 1 4 8 × 1 0 – 9,1 4 8 ×3

=9 1 4 8 0

–2 7

–0 3

–1 2

–2 4

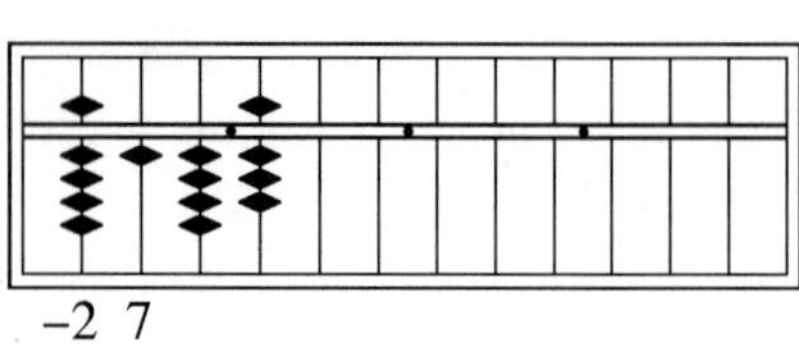

① 9 1
–2 7
6 4
▲

写下6，脑记4。

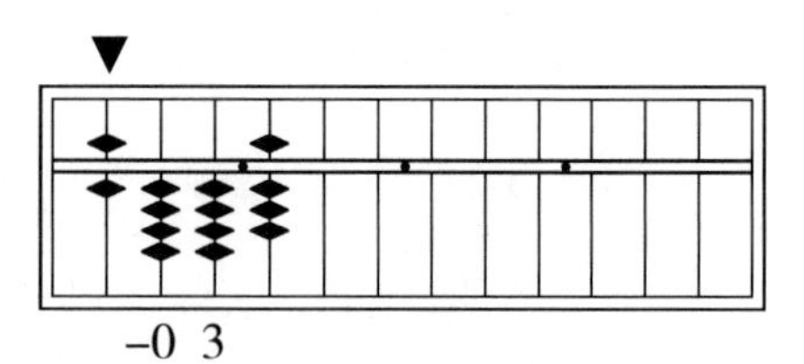

② 4 4
–0 3
4 1
▲

写下4，脑记1。

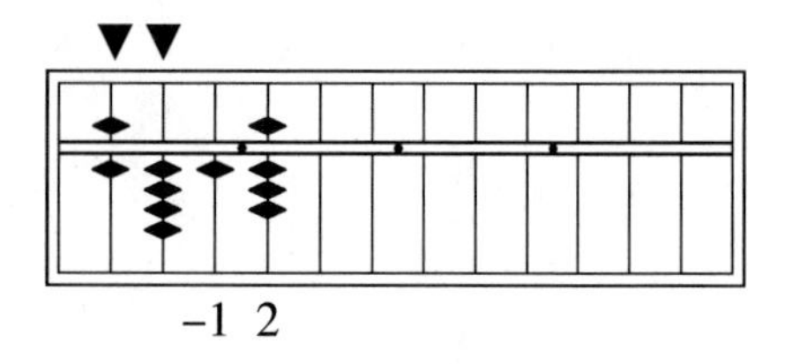

③ 1 8
–1 2
0 6
▲

写下0，脑记6。

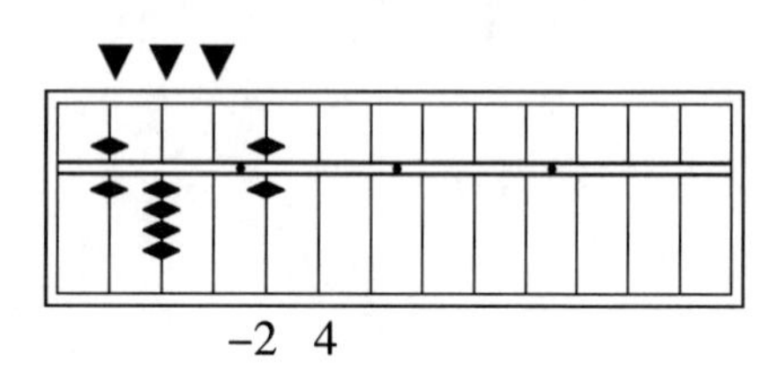

④ 　60
　−24
　36
　▲▲

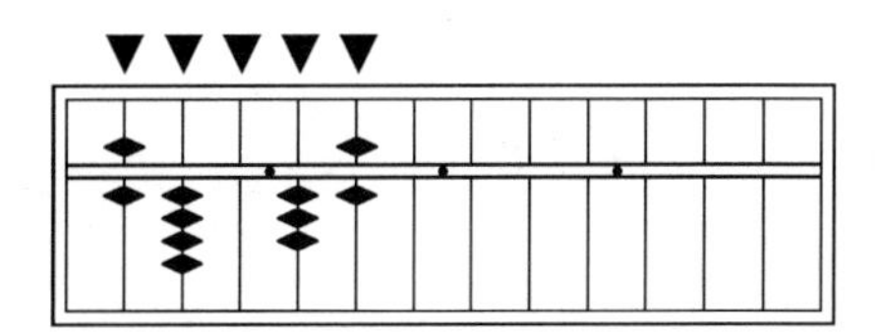

写下36。

答数:64,036。

例4: 5,871 × 6

= 5871 ×（10 − 4）

= 5871 × 10 − 5,871 × 4

= 58710

−20

　−32

　　−28

　　　−04

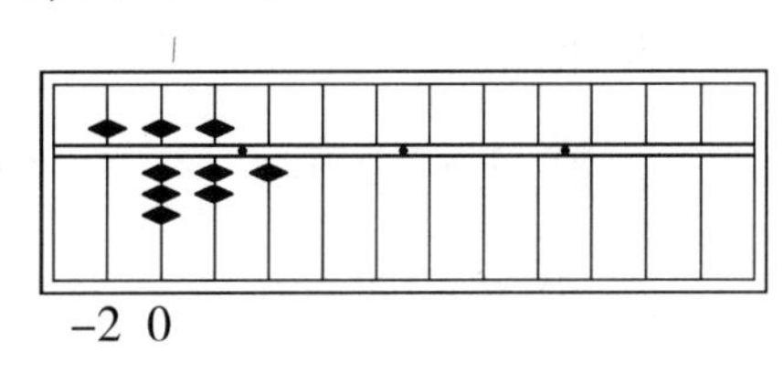

−20

① 　58
　−20
　38
　▲

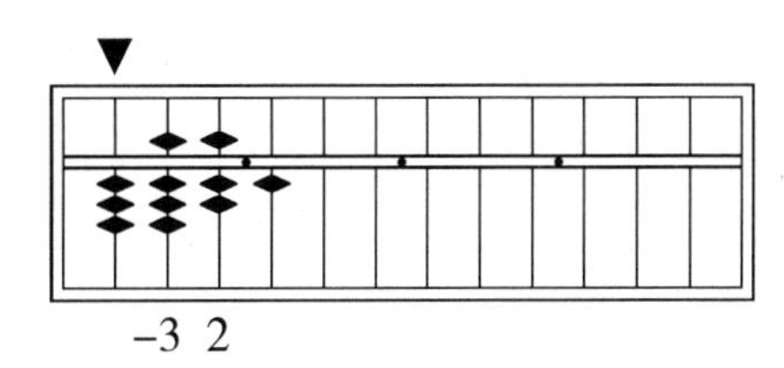

−32

写下3,脑记8。

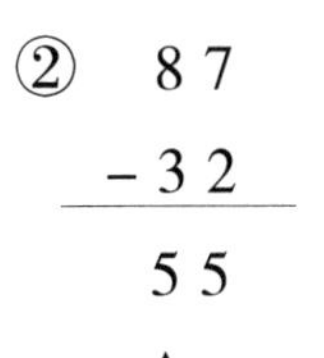

② 　87
　−32
　55
　▲

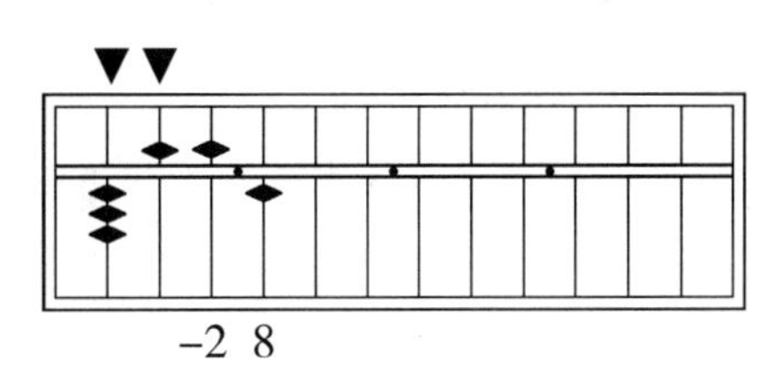

−28

写下5,脑记5。

③ 51
 −28
 23
 ▲

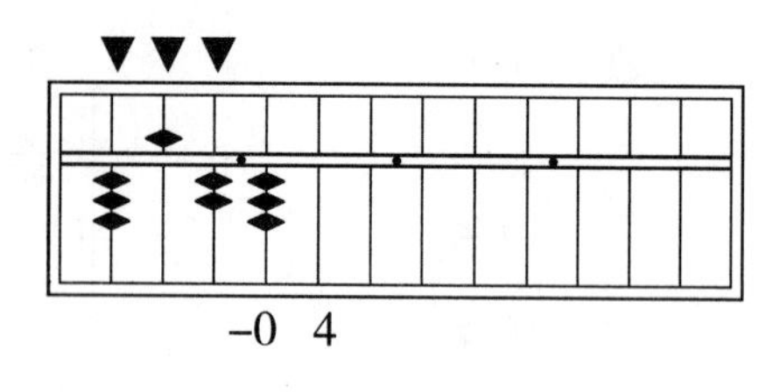

写下 2,脑记 3。

④ 30
 −04
 26
 ▲▲

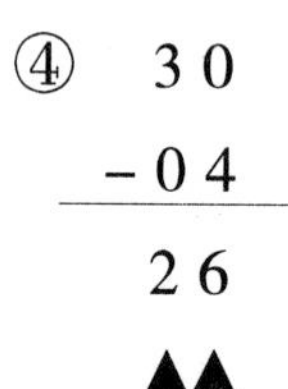

写下 2 6。

答数:3 5,2 2 6。

五、以减代乘法的难点及其处理

在单积“一口清”以减代乘法中,因为被乘数的首位数字即被减数的首位数字一目了然,所以首积是轻而易举的。但二积、三积……是用新被首,不是被乘数中的原始数字,不可能一目了然,需要脑记。同时,有时余数为 0、1、2、3 时,往往出现不够减现象,需要处理,这就是小小的难点。

处理方法:暂不清头,脑记两位数连同下一位数,构成三位数,三位数减两位数就够减了。

例 1: 2,6 6 3 × 9

= 2 6 6 3 0
 − 2
 − 6
 − 6
 − 3

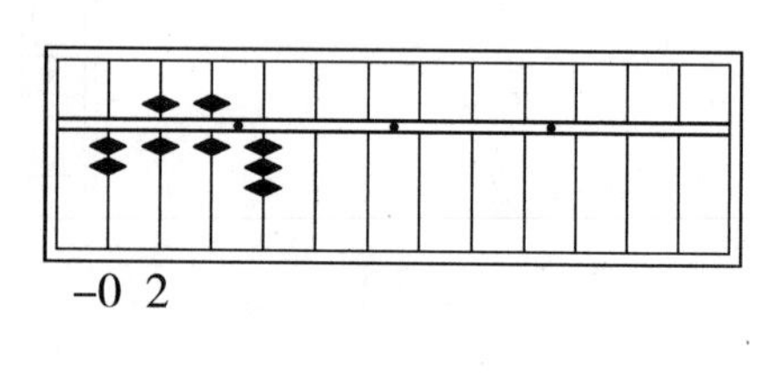

① 26
 − 2
 24
 ▲

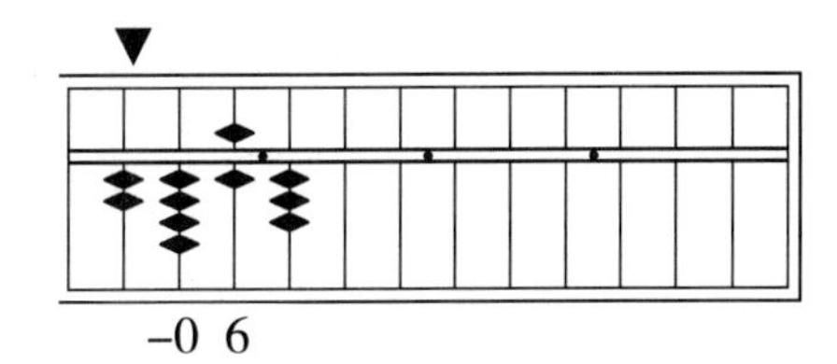

−0 6

写下 2,脑记 4。

② 46
 − 6
 40
 ▲

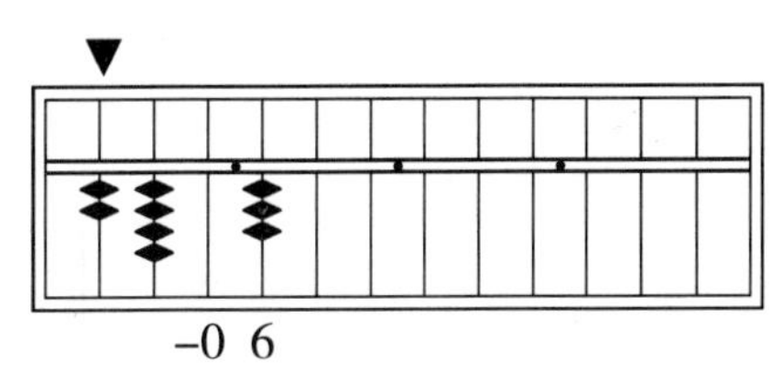

−0 6

因为下一步不够减,脑记 40。

③ 3
 − 6

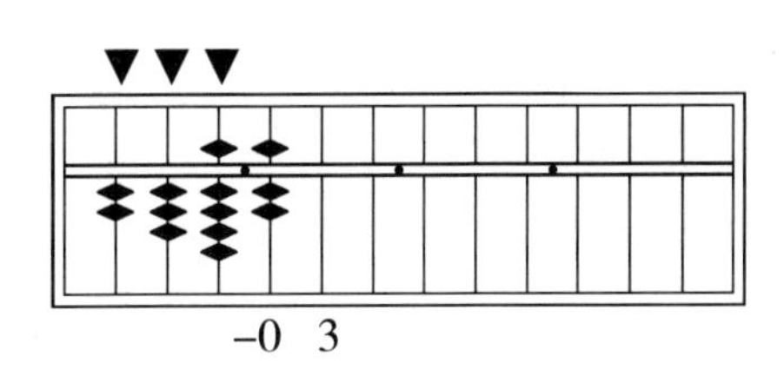

−0 3

不够减,带下 4 0;

 403
 − 6
 397

写下 3 9,脑记 7。

④ 70
 − 3
 67

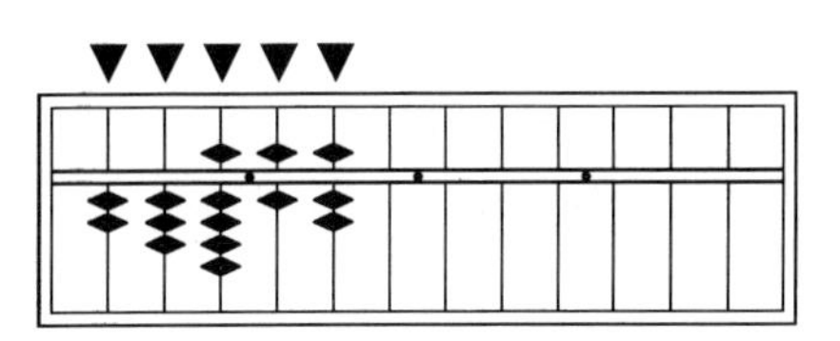

写下 6 7。

答数:2 3,9 6 7。

例 2：5,8 6 3 × 8

= 5 8 6 3 0

- 1 0

- 1 6

- 1 2

- 0 6

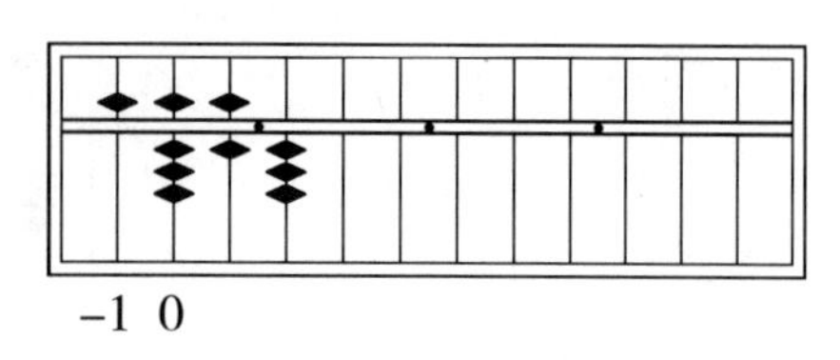

-1 0

①

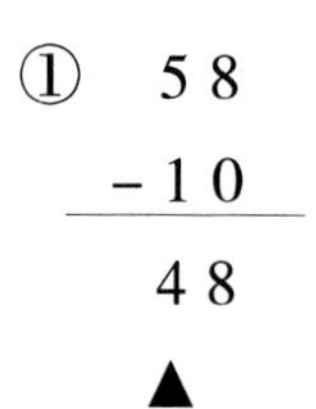

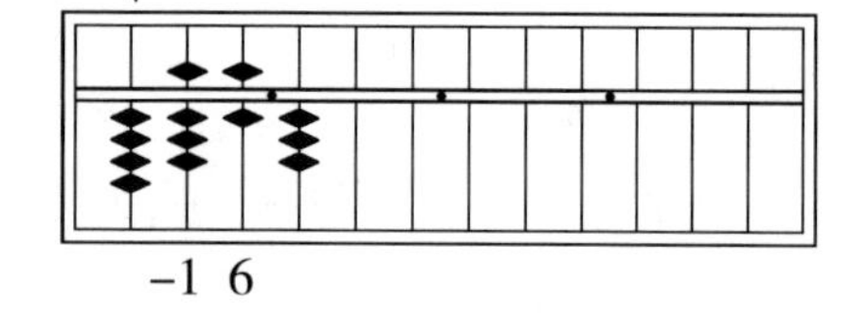

-1 6

写下 4，脑记 8。

②

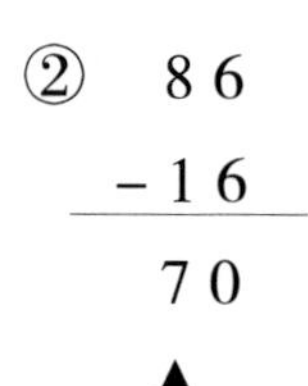

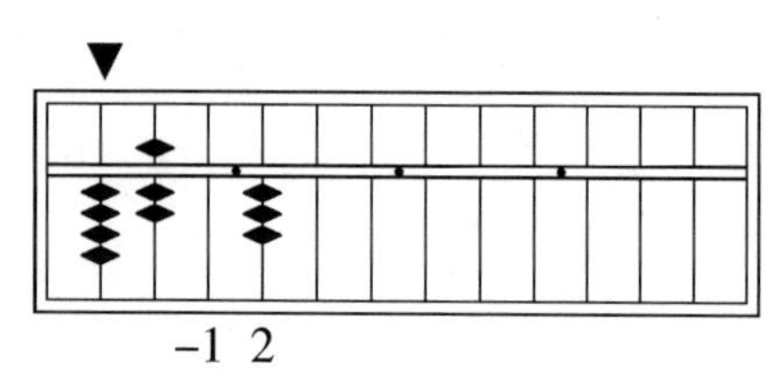

-1 2

因为下一步不够减，脑记 7 0。

③ 3

- 1 2

不够减，带下 7 0；

7 0 3

- 1 2

6 9 1

▲▲

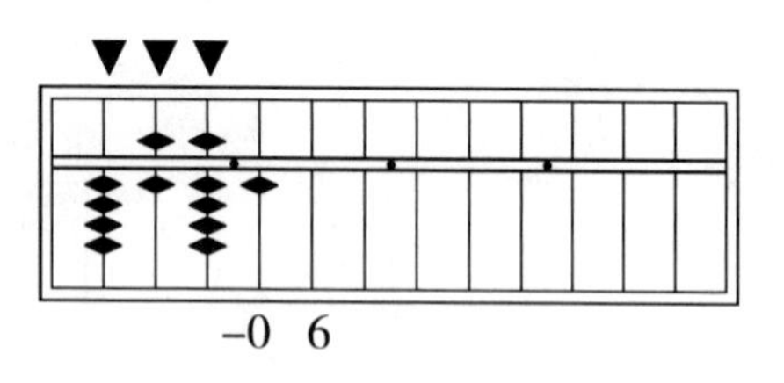

-0 6

写下 6 9，脑记 1。

教师和家长留言

JIAOSHI HE JIAZHANG LIUYAN

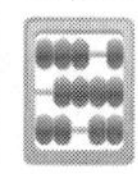

④ 　10

　－06

　04

　▲▲

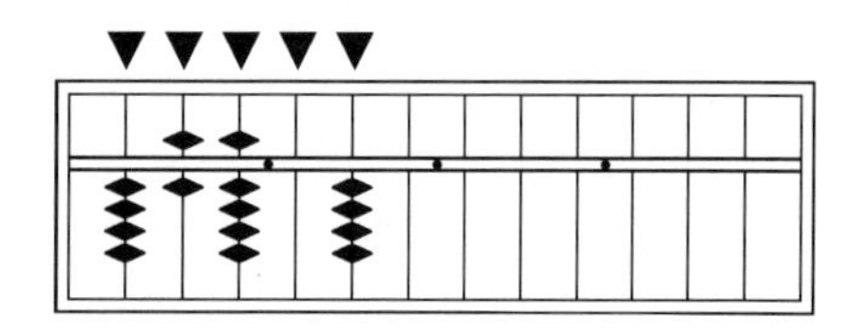

写下 0 4（注意以 0 补位）。

答数：4 6,9 0 4。

例 3： 6,8 1 9 × 7

= 6 8 1 9 0

－1 8

　－2 4

　　－0 3

　　　－2 7

－1 8

① 　6 8

　－1 8

　5 0

　▲

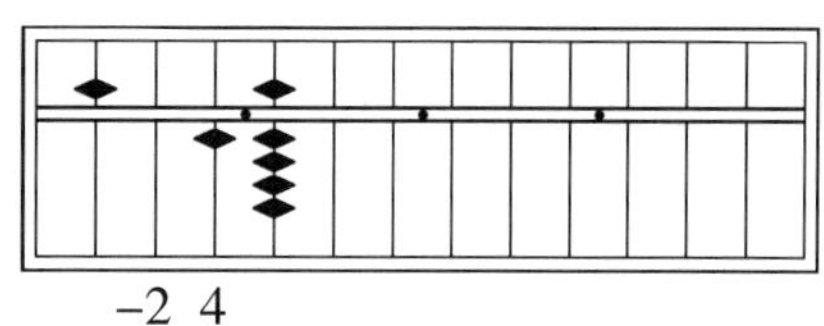

下一步不够减，脑记 5 0。

② 　1

　－2 4

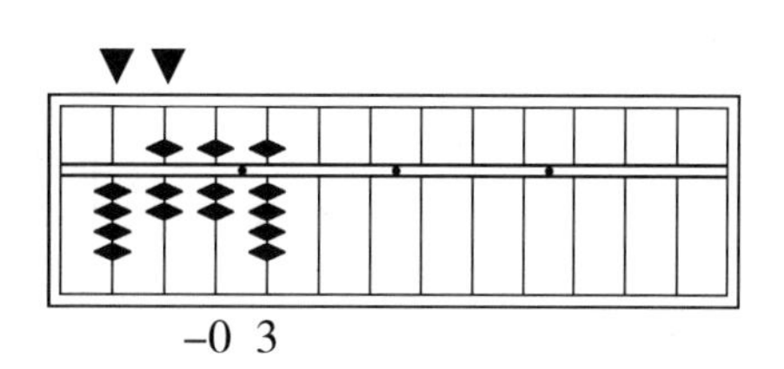

不够减，带下 5 0；

　5 0 1

　－2 4

　4 7 7

　▲▲

写下 4 7，脑记 7。

③　79
　−03
　76
　▲
写下7,脑记6。

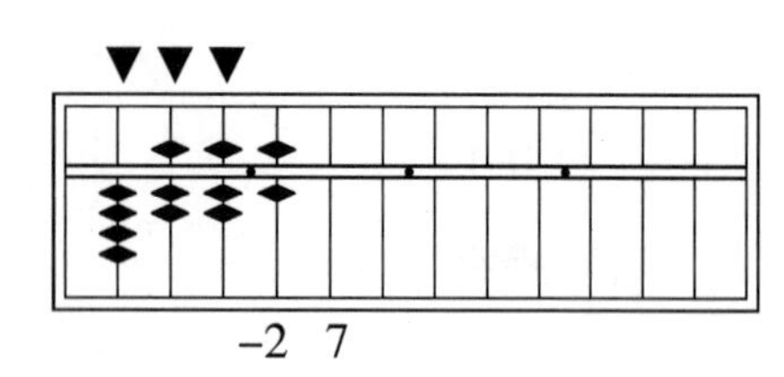

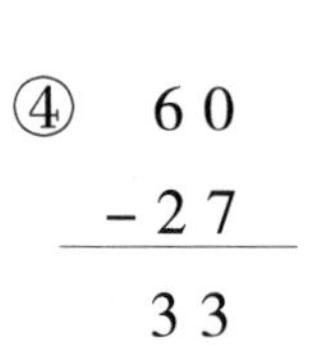

④　60
　−27
　33
　▲▲
写下33。

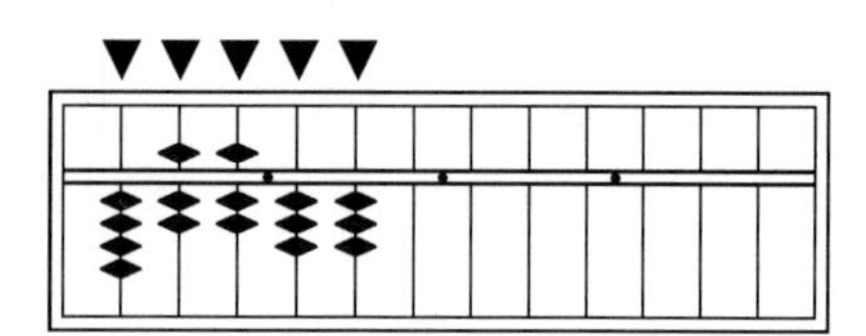

答数:47,733。

例4: 7,493 × 6

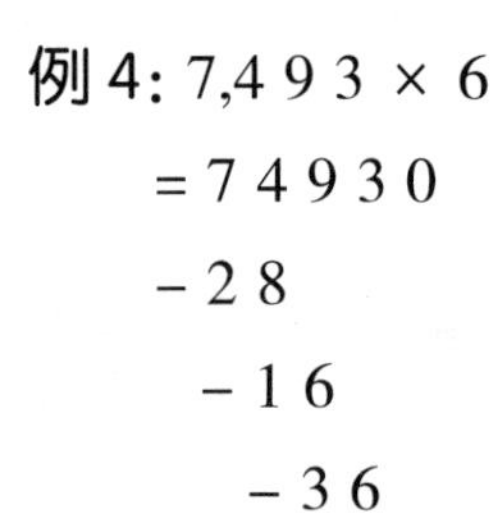

=74930
−28
　−16
　　−36
　　　−12

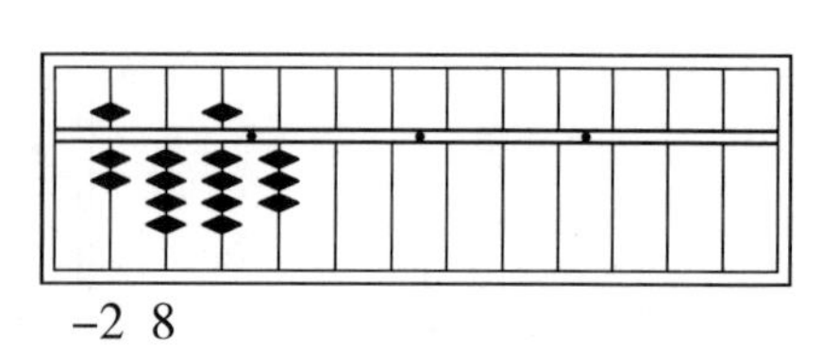

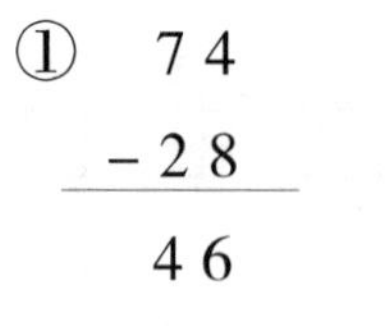

①　74
　−28
　46
　▲

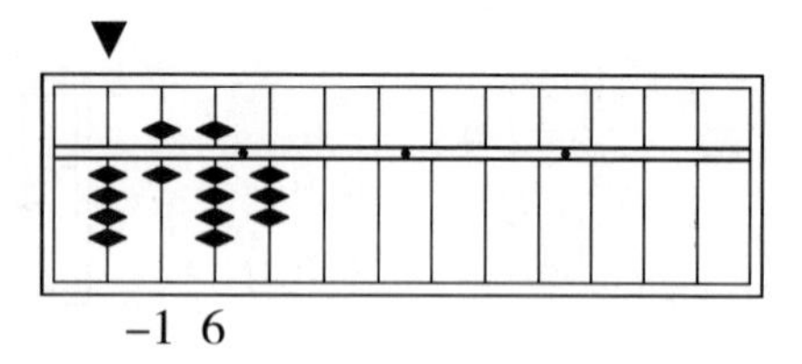

写下4,脑记6。

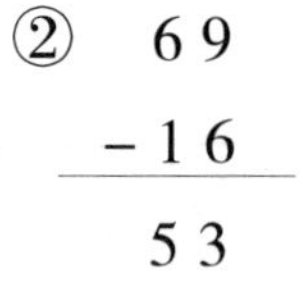

②　69
　−16
　53

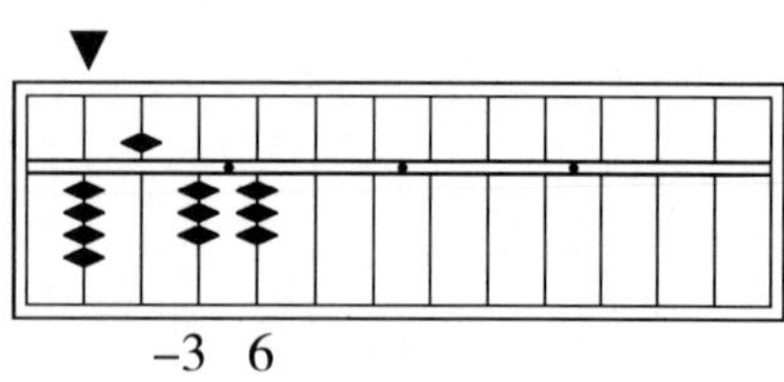

下一步不够减,脑记53。

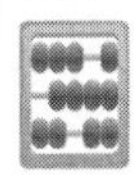

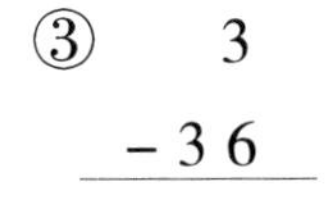

③　3
－36

不够减带下53；

533
－36
497

写下49，脑记7。

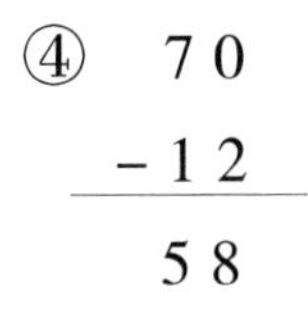

④　70
－12
58

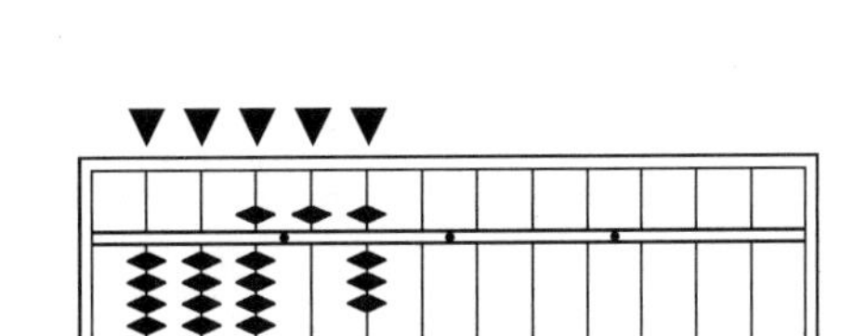

写下58。

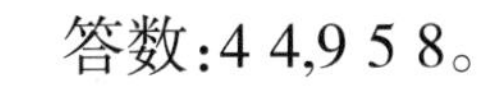

答数：44，958。

以上操作过程可以用算式和脑像图两种方法对照讲解，这样儿童容易接受。脑像图能使被乘数自左向右逐位消失，快速完成“一口清”；算式法可以利用试卷上算题，左手食指指着算题中的数字，自左向右逐位“清头”，只需脑记“新被首”，减轻脑记负担，更加快而准。

以减代乘法不需要大量记忆，通常只要用儿童已经熟练掌握的两位数减法就能解决复杂的多位数乘一位数的“一口清”问题。

练　　习

"一口清"综合练习。

被乘数 \ 乘数	2	3	4	5	6	7	8	9
756								
843								
496								
275								
931								
724								
905								
8,462								
3,657								
9,284								
1,325								
7,903								
6,819								
5,847								
7,898								
56,879								

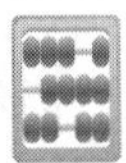

(续表)

被乘数 \ 乘数	2	3	4	5	6	7	8	9
65,178								
19,463								
78,609								
98,246								
27,465								

智力测试

这个班有多少人

三(1)班学生的兴趣爱好有语文、数学两大类。爱好语文的有27人,爱好数学的有29人,既爱好语文又爱好数学的有15人,语文、数学都不爱好且只爱玩的仅有1人。问这个班的学生有多少人?

摆 数 牌

有数牌1、数牌2、数牌3、数牌4各两张，共8张（如下图）。把这8张数牌摆成一排，使得两个1之间有1张数牌，两个2之间有两张数牌，两个3之间有3张数牌，两个4之间有4张数牌。想想看，怎么摆？

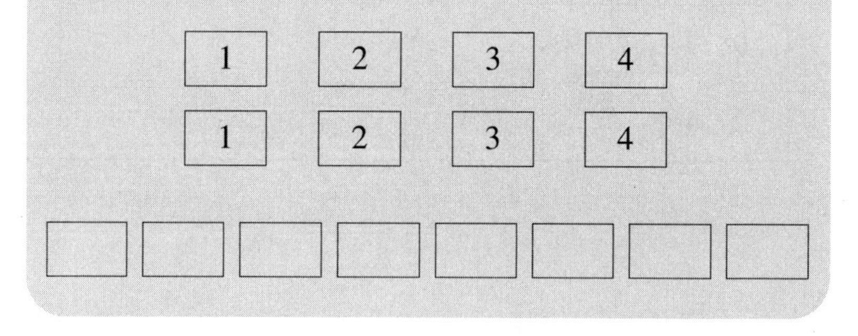

第二章　多位数珠心算乘法

DUOWEISHU ZHUXINSUAN CHENGFA

第一节　珠算空盘前乘法

一、空盘前乘法的优点

相乘的两个因数即乘数与被乘数均不拨入算盘，只把乘数与被乘数中两两相乘的积依次拨入算盘的前(左)盘，这种乘法叫空盘前乘法。空盘前乘法的优点是：不拨入乘数、被乘数，节省时间；从左向右乘，使数的读、写、算方向一致，运算流畅；利用前盘，档次分明，数位准确，避免差错。

二、空盘前乘法的目的

珠心算教材引入珠算空盘前乘法的目的是以空盘前乘为依托，使心算多位数乘法的效果产生质的飞跃。

三、空盘前乘法法则

乘数是左起第一位数，则算盘左一档为本档，左二档为下档；乘数是左起第二位数，则算盘左二档为本档，左三档为下档……

空盘前乘法的法则是首积满 10 从本档拨珠，首积不满 10 从下档拨珠。概括为“**首积进位本档加，首积不进退一档加**”。“首积”，是指被乘数同乘数相乘所得积的首位数(左边第一个非零数字)，如 438×8=3,504，首积是 3。“首积进位”是将被乘数的首位与“一口清”心算乘积的首位比较，当被乘数首位大于积的首位数时进位，如 736×5=3,680，被乘数首位 7 大于积的首位数 3，所以首积进位；“首积不进”是当被乘数的首位小于积的首位时不进位，如 326×2=652，被乘数首位 3 小于积的首位数 6，所以首积不

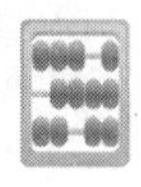

进位。“本档”是乘数同被乘数相乘，首积进位时的档次。一般把算盘左边第一档定为第一位首积进位时拨珠的档次，把第二档定为第二位首积进位时拨珠档次，把第三档定为第三位首积进位时拨珠的档次。“退档加”是乘数每一位同被乘数相乘，首积如果不进位，就向右退一档拨珠。

四、盘表式教学法

为了使儿童能深刻理解空盘前乘的计算原理，熟练掌握空盘前乘的方法步骤，特制作下表，先“纸上谈兵”，再拨入算盘。

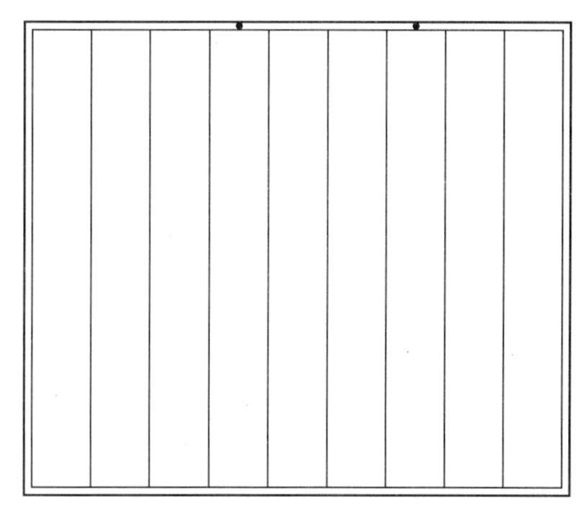

此图表既像算盘，又像表格，故利用此图表来进行教学称为盘表式教学法。盘表式教学法，不仅能作静态反应，还能作动态反应；既能看到运算结果，又能看到运算过程。其思路清晰，一目了然。熟练后盘表可省略。

五、空盘前乘方法步骤

因为乘法具有交换律，所以，乘号“×”前后两个因数，任一个作乘数，另一个作被乘数均可，即以乘号前的因数乘以乘号后的因数，或以乘号后的因数乘以乘号前的因数均可，也就是怎么方便就怎么乘。

例1: 6 3 8 × 7 2 4

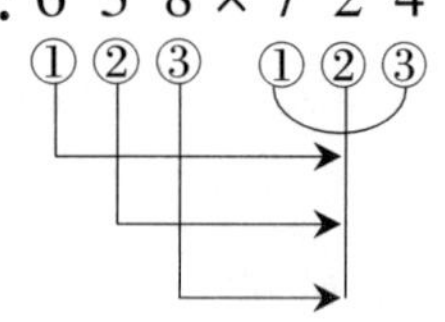

4	2					
	1	2				6
		2	4			
	2	1				
		0	6			3
			1	2		
		5	6			
			1	6		8
				3	2	
4	6	1	9	1	2	

方法步骤	珠型
6 × 7	
6 × 2	
6 × 4	
3 × 7	
3 × 2	
3 × 4	

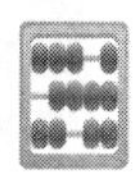

（续表）

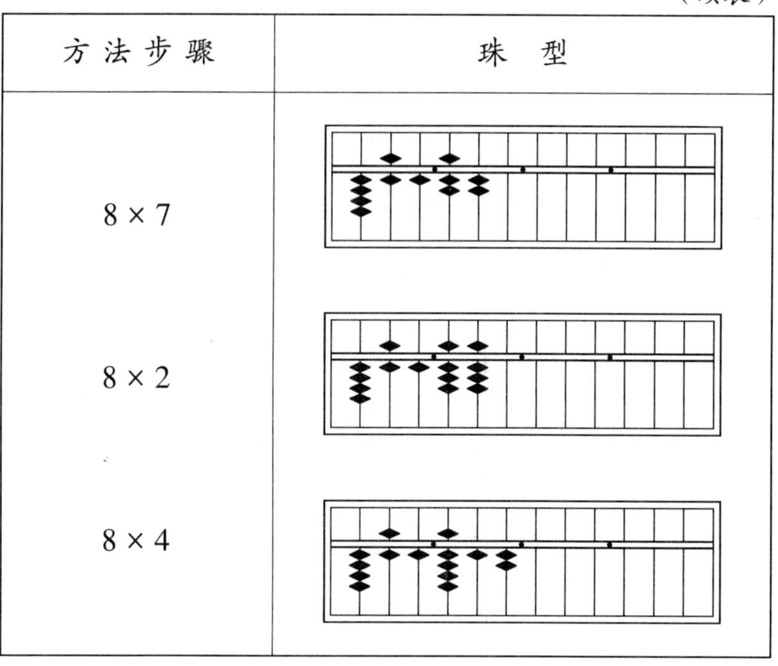

方法步骤	珠　型
8 × 7	
8 × 2	
8 × 4	

例 2：3 9 6 × 1 5 7

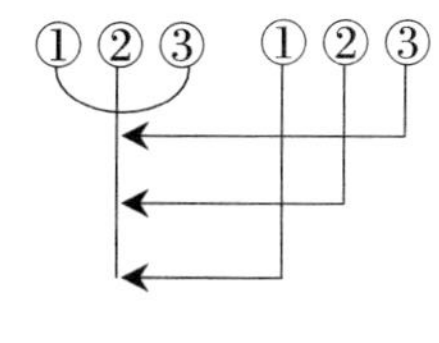

0	3					1
	0	9				
		0	6			
	1	5				5
		4	5			
			3	0		
		2	1			7
			6	3		
				4	2	
	6	2	1	7	2	

方法步骤	珠　型
1 × 3	
1 × 9	
1 × 6	
5 × 3	
5 × 9	
5 × 6	
7 × 3	
7 × 9	
7 × 6	

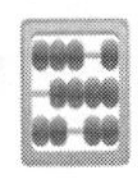

练　　习

用空盘前乘法计算下列各题。

(1) 73 × 48　　(2) 19 × 36

(3) 549 × 63　　(4) 27 × 108

(5) 918 × 572　　(6) 164 × 392

(7) 485 × 763　　(8) 308 × 257

(9) 6,274 × 9,158　　(10) 4,197 × 1,085

第二节　多位数珠心算乘法

一、运算法则

在单积“一口清”比较熟练的基础上,就可以进行多位数珠心算乘法。具体方法是将多位数化解成若干个一位数乘多位数,采用空盘前乘法的模式将“一口清”的结果错位累加。其运算法则也是“首积进位本档加,首积不进退一档加”。

二、运算步骤

1. 首积满十和二积满十的乘法运算

例1: 4 8 × 6 7

运算过程: (1) 用乘数首位 6 去乘 48,“一口清”心算为 288。积的首位 2 小于被乘数首位 4,所以首积进位本档加,从算盘左边第一档开始逐位拨入 288(如图 2-1)。

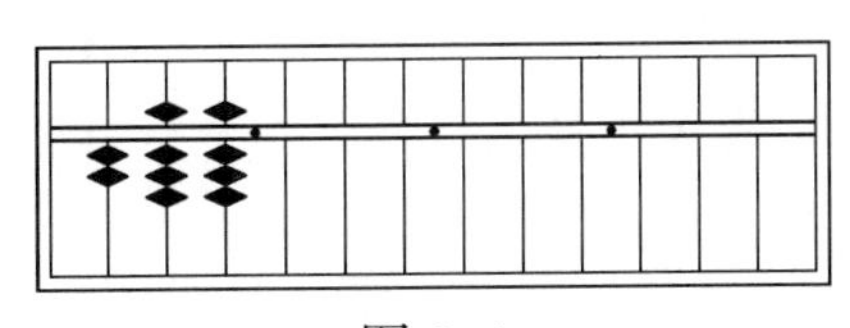

图 2-1

(2) 用乘数第二位 7 去乘 48,“一口清”心算为 336。二积的首位 3 小于被乘数首位 4,所以首积进位本档加。因为 7 是第二个乘数,因此左起第二档才是本档,从算盘左边第二档起逐位拨入 336。本题结果是 3,216(如图 2–2)。

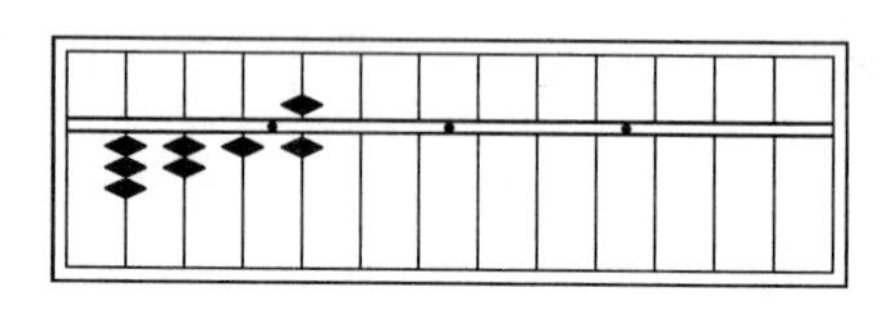

图 2–2

例 2: 4 3 6 × 6 8 9

运算过程:(1) 用乘数第一位6 去乘被乘数 436,“一口清”心算出积为 2,616。积的首位 2 小于被乘数首位 4,所以首积进位本档加,从算盘左边第一档起逐位拨上 2,616(如图 2–3)。

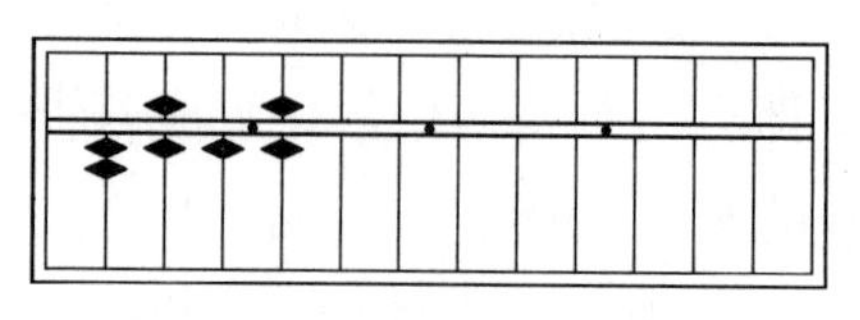

图 2–3

(2) 用乘数第二位 8 去乘被乘数 436,“一口清”心算出乘积为 3,488。积的首位 3 小于被乘数首位 4,所以首积进位本档加。因为 8 是第二个乘数,因此左起第二档才是本档,从算盘左边第二档起逐位拨加 3,488,盘上数为 29,648(如图 2–4)。

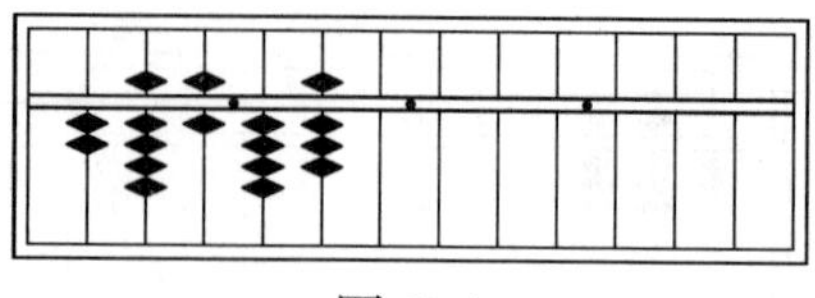

图 2–4

(3) 用乘数第三位 9 去乘被乘数 436,"一口清"心算出乘积 3,924。积的首位 3 小于被乘数首位 4,所以首积进位本档加。因为 9 是第三个乘数,因此左起第三档才是本档,从算盘左边第三档开始逐位拨加 3,924。本题最后结果是 300,404(如图 2-5)。

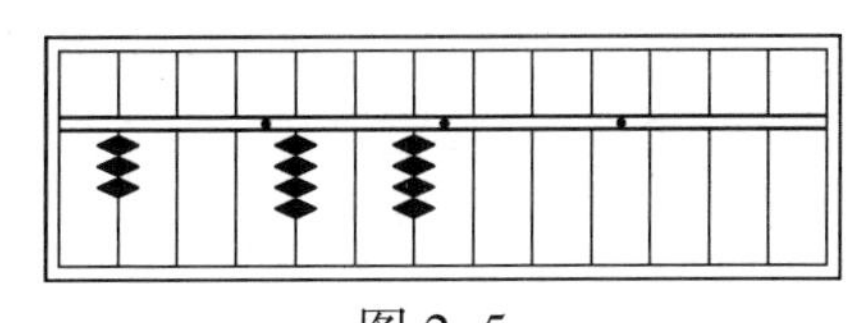

图 2-5

2. 首积不进位和二积不进位的乘法运算

例 3: 2 4 1 × 3 4

运算过程:(1) 用第一个乘数 3 去乘被乘数 241,"一口清"心算出乘积为 723。积的首位 7 大于被乘数首位 2,所以首积不进位,应退一档加,所以从算盘左边第二档开始逐位拨入 723(如图 2-6)。

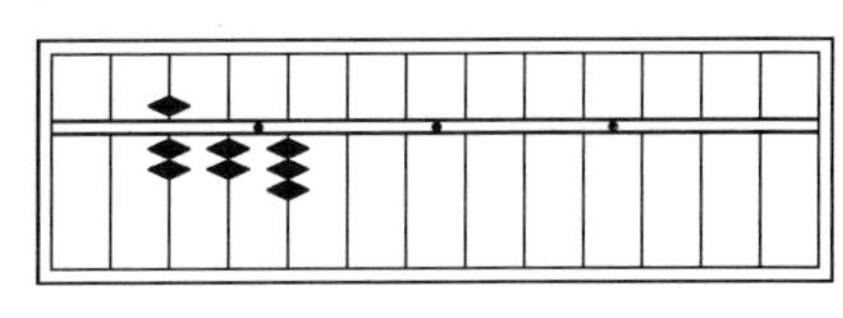

图 2-6

(2) 用乘数第二位 4 去乘被乘数 241,"一口清"心算出乘积为 964。积的首位 9 大于被乘数首位 2,为首积不进退一档加。因为第二档为本档,所以退一档为第三档。从算盘左边第三档开始逐位拨加 964。本题最后结果是 8,194(如图 2-7)。

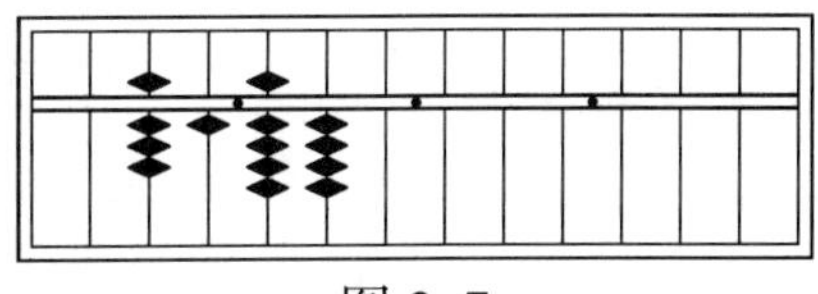

图 2-7

例 4： 
2,1 6 9 × 4 3 1

运算过程：（1）用乘数第一位 4 去乘被乘数 2,169，“一口清”心算出乘积为 8,676。积的首位 8 大于被乘数首位 2，为首积不进退一档加。从算盘左边第二档开始逐位拨入 8,676（如图 2–8）。

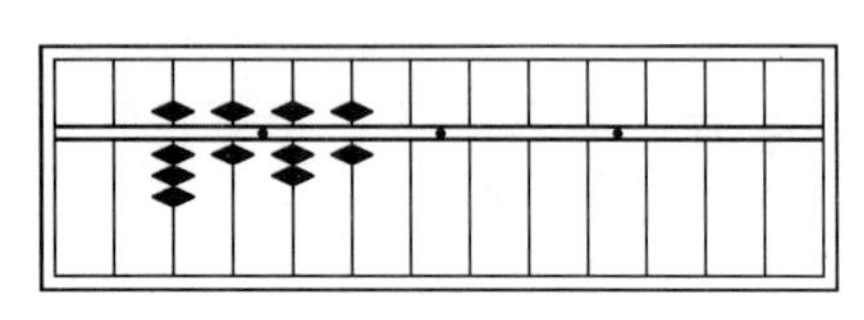

图 2–8

（2）用乘数第二位 3 去乘被乘数 2,169，“一口清”心算出乘积为 6,507。积的首位 6 大于被乘数首位 2，为首积不进退一档加。因为本档为第二档，所以退一档为第三档。从算盘左边第三档开始逐位拨加 6,507，盘上数字为 93,267（如图 2–9）。

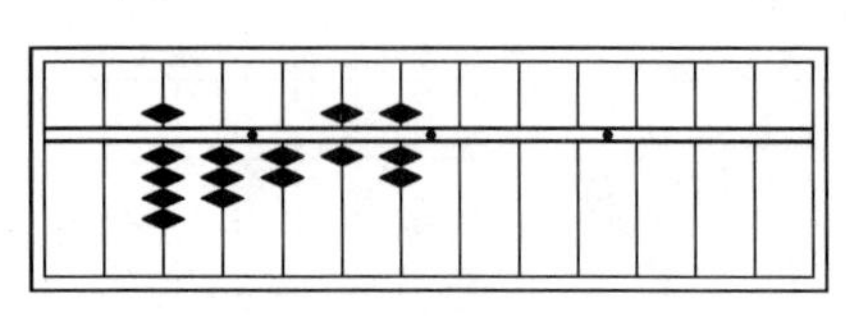

图 2–9

（3）用乘数第三位 1 去乘被乘数 2,169，“一口清”心算出乘积为 2,169。为首积不进退一档加。因为本档为第三档，所以退一档为第四档。从算盘左边第四档开始逐位拨加 2,169。本题最后结果为 934,839（如图 2–10）。

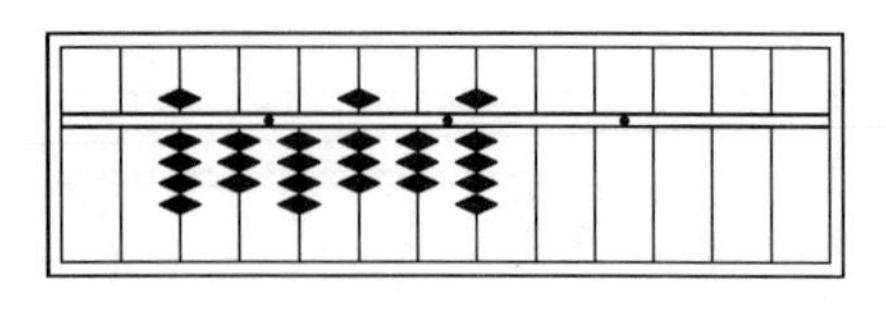

图 2–10

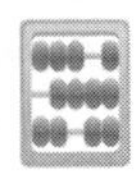

3. 首积不进位和二积进位的多位数乘法

例 5: 3 5 8 × 2 7

运算过程: (1) 用乘数第一位 2 去乘被乘数 358,“一口清”心算出积为 716。积的首位 7 大于被乘数首位 3,所以首积不进退一档加,从算盘左边第二档开始逐位拨入 716(如图 2–11)。

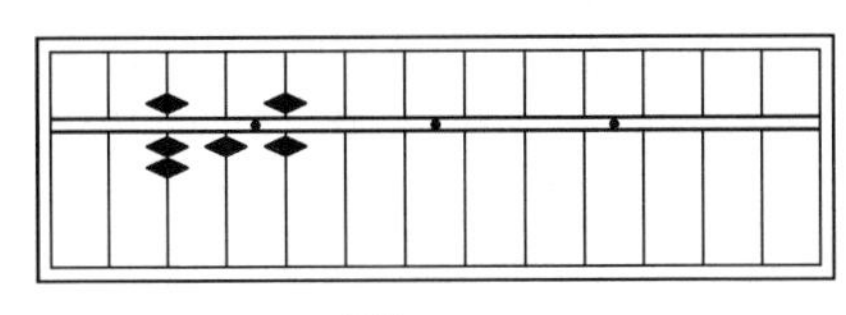

图 2–11

(2) 用乘数第二位 7 去乘被乘数 358,“一口清”心算出乘积为 2,506。积的首位 2 小于被乘数的首位 3,所以首积进位本档加,第二位积的本档为第二档,所以从算盘左边第二档开始逐位拨加 2,506。本题最后结果为 9,666(如图 2–12)。

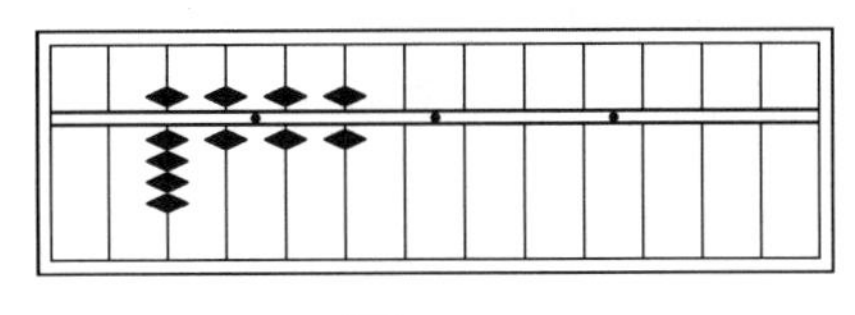

图 2–12

例 6: 2,4 5 6 × 4 6 9

运算过程: (1) 用乘数第一位 4 去乘被乘数 2,456,“一口清”心算为 9,824。积的首位 9 大于被乘数首位 2,为首积不进退一档加,从算盘左边第二档开始逐位拨入 9,824。(如图 2–13)。

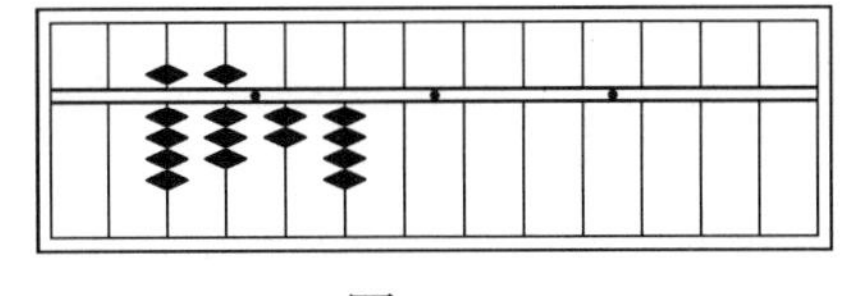

图 2–13

(2) 用乘数第二位 6 去乘被乘数 2,456,“一口清”心算为 14,736。积的首位 1 小于被乘数 2,为首积进位本档加,这个本档为第二档,从算盘左边第二档开始逐位拨加 14,736,盘上数字是 112,976(如图 2–14)。

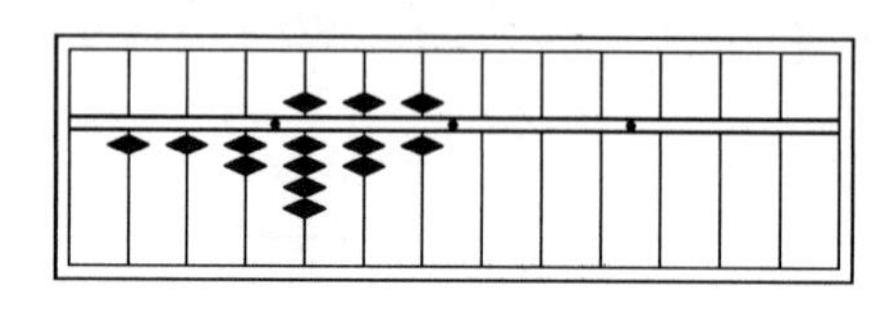

图 2–14

(3)用乘数第三位 9 去乘被乘数 2,456,“一口清”心算为 22,104。积的前两位 22 小于被乘数前两位 24,为首积进位本档加,从算盘左边第三档开始逐位拨加 22,104。本题最后结果是 1,151,864(如图 2–15)。

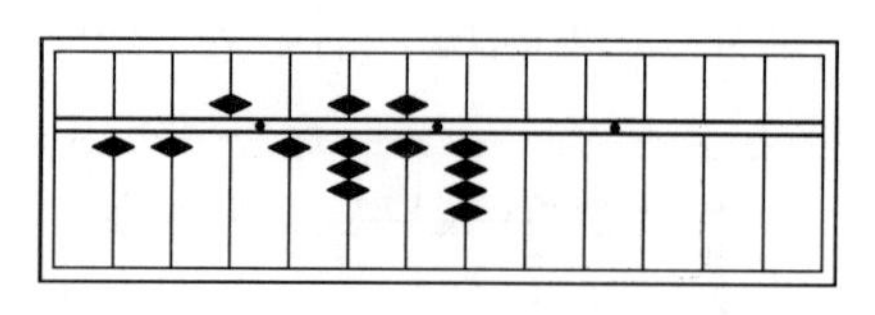

图 2–15

4. 首积进位和二积不进位的多位数乘法

例 7: 5 7 3 × 8 1

运算过程: (1) 用乘数第一位 8 去乘被乘数,即 573× 8,“一口清”心算出乘积 4,584,为首积进位本档加,从算盘左边第一档开始逐位拨入 4,584(如图 2–16)。

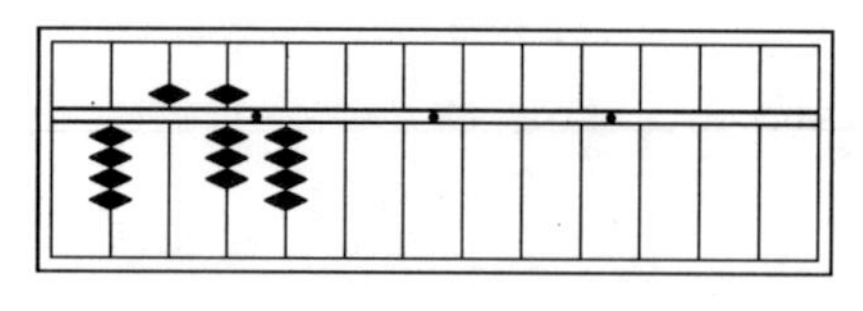

图 2–16

(2) 用乘数第二位 1 去乘被乘数，即 573×1，乘积为 573，为首积不进退档加，应从第三档加，从算盘左边第三档开始逐位拨加 573。本题结果为 46,413(如图 2–17)。

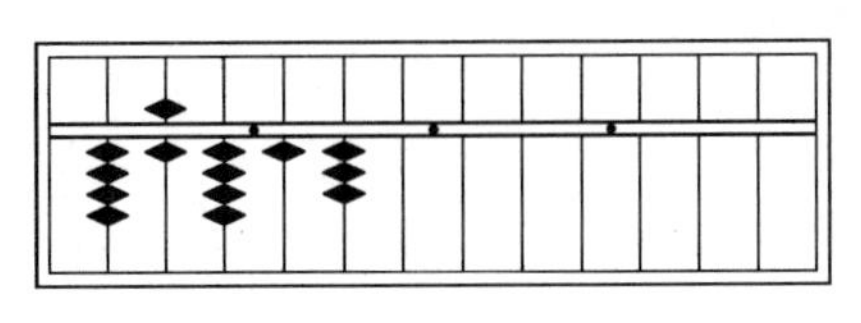

图 2–17

例 8： 4,1 5 9 × 7 2 5

运算过程： (1) 用乘数第一位 7 去乘被乘数，即 4,159×7，"一口清"心算出乘积为 29,113。因为积的首位 2 小于被乘数首位 4，为首积进位本档加，从算盘左边第一档开始逐位拨入 29,113(如图 2–18)。

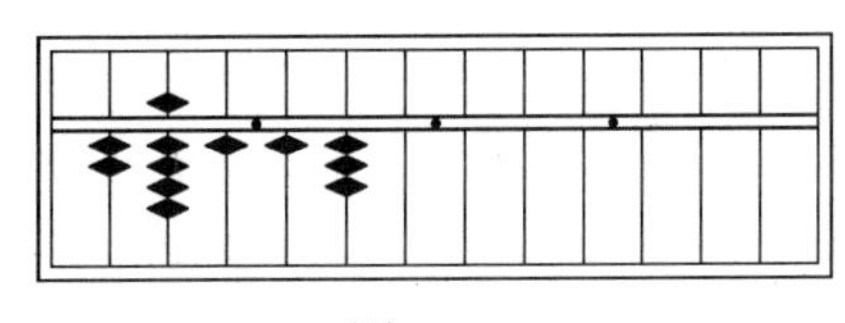

图 2–18

(2) 用乘数第二位 2 去乘被乘数，即 4,159×2，"一口清"心算出乘积为 8,318。因为积的首位 8 大于被乘数首位 4，所以为首积不进退一档加，就从算盘左边第三档开始逐位拨加 8,318，盘上数字是 299,448(如图 2–19)。

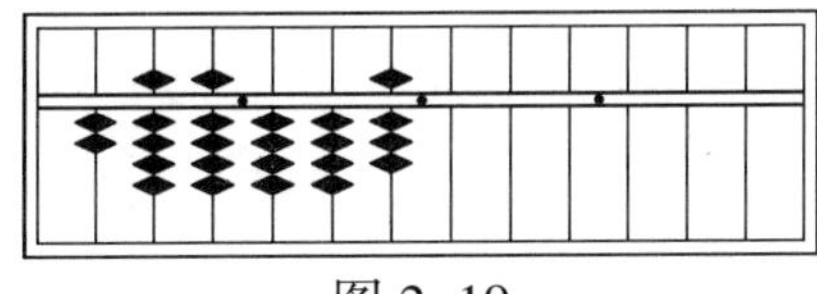

图 2–19

(3) 用乘数第三位去乘被乘数，即 4,159×5，"一口清"心算出乘积为 20,795。因积的首位 2 小于被乘数首位 4，所以为首积进位本档加，从算盘左边第三档开始逐位拨加

20,795。本题最后结果是 3,015,275(如图 2–20)。

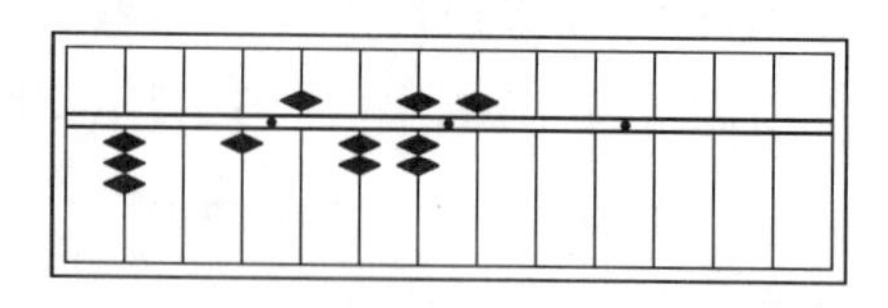

图 2–20

5. 乘数中间有零的乘法运算

例 9: 5,6 7 4 × 2 0 8

运算过程:(1) 用乘数的第一位 2 去乘被乘数,即 5,674×2,“一口清”心算出乘积为 11,348。因积的首位 1 小于被乘数首位 5,所以为首积进位本档加,从算盘左边第一位开始逐位拨入 11,348(如图 2–21)。

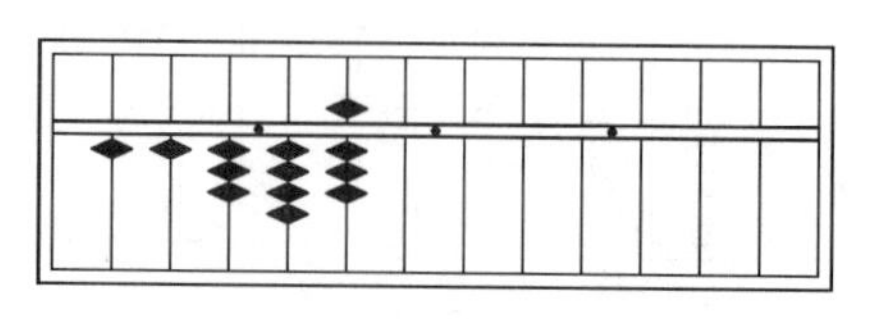

图 2–21

(2) 用乘数的第二位 0 去乘被乘数,乘积为 0,不拨珠但要注意档位。

(3) 用乘数的第三位 8 去乘被乘数,即 5,674×8,“一口清”心算出乘积为 45,392,为首积进位本档加(要注意,这里的本档应是第三档), 从算盘左边第三档开始逐位拨入 45,392。本题最后结果为 1,180,192(如图 2–22)。

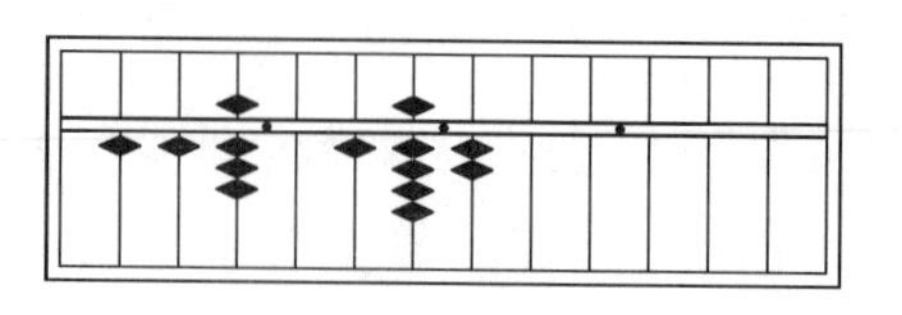

图 2–22

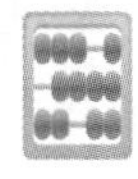

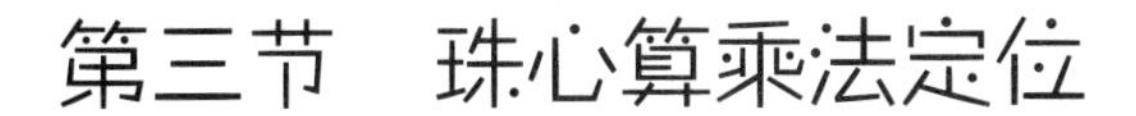

第三节　珠心算乘法定位

由被乘数与乘数的整数位数来确定积的整数位数，客观上存在两种情况，因此可以把乘法定位方法概括为两个公式，用公式来确定积的整数位数的方法叫作“公式定位法”。

公式定位法是一个难点，儿童难以理解，容易产生错误。在小数乘法中，精确度有明确要求：普及型保留两位小数，第三位小数四舍五入；选手型保留四位小数，第五位小数四舍五入。因此，小数位数不需考虑，只要考虑积的整数位数就行了，也就是小数点点在何处最恰当。这里涉及数的整数位数，正确认识数的整数位数对于乘法公式的理解是非常重要的。

一、数的整数位数

数	整数位数	说　明
7.28	1位	小数点前有一位非零数字
0.935	0位	小数点前是0，小数点下一位是非零数字
316.72	3位	小数点前是三位数
0.081	−1位	小数点前是0，小数点下一位也是0，小数点下二位是非零数字
50.64	2位	小数点前是两位数
0.0093	−2位	小数点前是0，小数点下一位、下二位也是0，下三位是非零数字
81537	5位	五位整数

二、乘法的定位公式

设 m 是被乘数的整数位数，n 是乘数的整数位数，P 是积的整数位数，则乘法的定位公式为：

$$P=\begin{cases} m+n & \cdots\cdots(1) \\ m+n-1 & \cdots\cdots(2) \end{cases}$$

什么情况下用公式(1)，什么情况下用公式(2)，这是一个难点，下面从三个方面说明：

1. 首积是否满 10

乘数与被乘数的两个首位数字相乘的积为首积。

首积 { 满 10 —— 用公式(1)；不满 10 { 下档有进位 —— 用公式(1)；下档无进位 —— 用公式(2) } }

例 1： 7 5 8 × 6 9

因为首积为 7×6=42，满 10，所以用公式(1)：

$$P=m+n=3+2=5(\text{位})$$

例 2： 1 5 3 × 2 7

因为首积为 1×2=2，不满 10，且下档明显无进位，所以用公式(2)：

$$P=m+n-1=3+2-1=4(\text{位})$$

例 3： 2 9 7 × 3 8

因为首积 2×3=6，不满 10，从表面上看用公式(2)，其实下档有进位，仍然用公式(1)：

$$P=m+n=3+2=5(\text{位})$$

实际上 297×38=11,286，积是五位数。

例 3 介于公式(1)和公式(2)之间，使用公式定位要慎重。

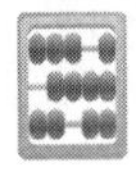

2. 比较积的首位数字与被乘数、乘数的首位数字

积的首位数字小于被乘数与乘数的首位数字用公式(1)；

积的首位数字大于被乘数与乘数的首位数字用公式(2)。

例1: 7 5 8 × 6 9

因为5小于7且小于6,所以用公式(1):

$$P = m + n = 3 + 2 = 5(\text{位})$$

例2: 1 5 3 × 2 7

因为4大于1且大于2,所以用公式(2):

$$P = m + n - 1 = 3 + 2 - 1 = 4(\text{位})$$

为了帮助记忆，把以上规律用两句话来概括:“首积小,位数多;首积大,位数少。”

但要注意:当积的首位数字与被乘数或乘数的首位数字相同时,则用公式(2)。

3. 观察算盘左一档是实档还是空档

以空盘前乘为依托，算盘左一档有靠梁珠为实档,无靠梁珠为空档。实档用公式(1),空档用公式(2)。

公式定位具有普遍性,对于整数乘法和小数乘法均适用。

练　　习

不需计算,用公式定位法判断下列各题答数的整数位数。

(1) 8,357 × 64　　(2) 12.83 × 4.1

(3) 0.729 × 9.5　　(4) 30.17 × 0.056

(5) 593.1 × 0.0086　　(6) 7.59 × 0.0084

第四节　多位数珠心算乘法训练

多位数珠心算乘法的训练也是加强多位数乘法双手运算的训练，即一题算完，右手写答数，左手在算盘上拨入下题的“一口清”首积。这样还可以加快计算速度。

一、2 位乘 2 位模拟试题

64×85	97×72	63×18	52×38	97×18
78×41	35×28	31×62	45×78	39×74
14×96	47×58	85×49	28×57	32×48

二、3 位乘 2 位模拟题

412×98	609×57	915×69	497×53	278×37
587×23	537×81	126×78	635×84	506×65
324×78	852×97	738×42	813×67	479×68

三、2 位乘 3 位模拟题

85×706	72×539	18×246	48×607	27×304
21×439	48×106	67×315	75×643	59×186
35×269	79×503	32×195	29×801	43×829

四、3 位乘 3 位模拟题

825×497	683×204	302×194	486×103	629×834
139×208	952×673	145×602	914×725	735×496
407×165	794×856	607×518	659×802	184×509

五、4 位乘 2 位模拟题

9,813×26	1,765×42	6,507×95	4,502×73
2,046×38	8,734×59	2,079×87	7,863×58

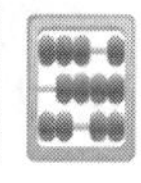

5,792×17　8,929×51　5,341×92　9,172×58

5,389×39　2,406×67　8,397×27

六、**2** 位乘 **4** 位模拟题

32×5,106　56×4,981　37×5,206　43×8,729　48×3,015

91×3,048　61×2,874　78×6,103　56×2,491　58×7,914

49×1,306　54×7,328　59×7,046　42×7,563　72×5,607

七、**4** 位乘 **3** 位模拟题

5,723×104　3,647×902　2,576×341　9,715×836

8,416×325　9,041×236　7,052×468　3,162×579

3,294×608　2,108×967　8,169×357　4,608×915

4,893×207　5,079×214　7,365×804

八、**3** 位乘 **4** 位模拟题

718×4,038　534×7,106　869×7,025　138×2,406

807×9,316　635×1,972　701×5,283　572×3,984

513×8,749　421×6,507　281×6,059　406×1,953

204×8,617　769×5,402　539×2,108

第五节　多位数心算乘法

一、模拟心算乘法

多位数心算乘法是以空盘前乘法为依托，将“一口清”乘积，按照乘法法则，依次拨入算盘，累加得积。

例 1: 8 6 × 5 7

本题为首积进位本档加。模拟盘式图如下：

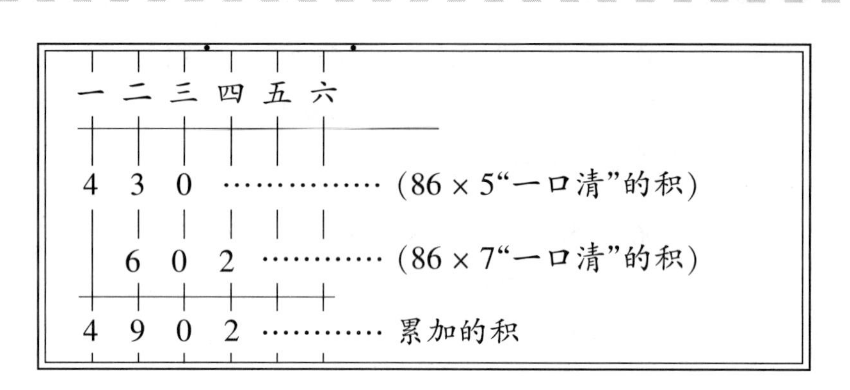

定位：积的首位小于被乘数的首位 8 和乘数的首位 5，所以用公式(1)来确定积的位数，即 2+2=4(位)。本题结果为 4,902。

例 2：7 4 2 × 6 1

本题首积进位本档加，二积不进位退一档加。模拟盘式图如下：

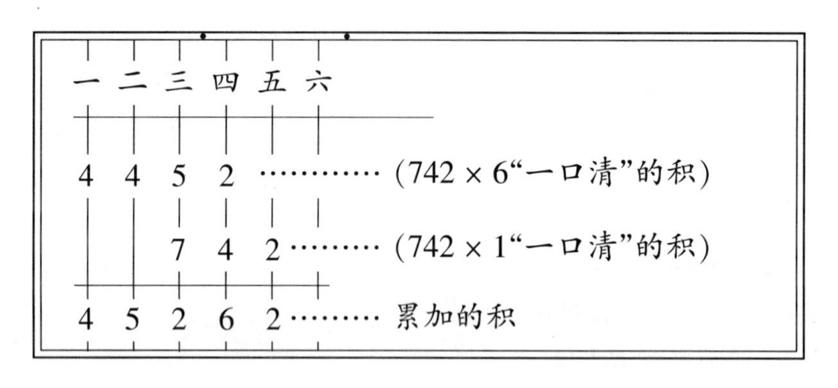

定位：积的首位小于被乘数和乘数的首位，所以用公式(1) 来确定积的位数，即 3+2=5(位)。本题结果为 45,262。

例 3：3 2 1 × 2 9

本题为首积不进位退 1 档加，二积进位本档加。模拟盘式图如下：

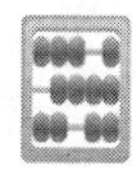

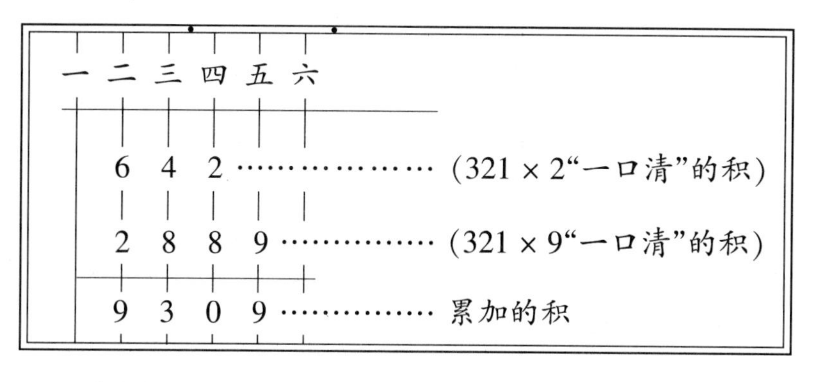

定位: 积的首位大于被乘数和乘数的首位,所以用公式(2)来确定积的位数,即 3+2−1=4(位),本题结果为 9,304。

练　　习

用心算乘法计算下列各题。

67×58	98×31	37×92	43×86
18×52	436×58	236×71	56×31
745×38	234×38	408×89	839×47

二、多位数心算乘法

多位数心算乘法是以加法为基础,“一口清” 为核心,因此必须在多位数加法心算和“一口清”很熟练的基础上进行。开始学时难度比较大,可借助脑像图进行数译珠练习,把乘数各位同被乘数的“一口清”乘积,按不同颜色制成彩色数珠。首积用白色数珠◇,二积用黑色数珠◆,三积用灰色数珠◈。下面举例说明。

例 1: 6 7 × 3 9

心算过程:

(1) 看被乘数 67 想 67×3 的“一口清”乘积为 201,立即出现白色算珠脑像图(如图 2−23)。

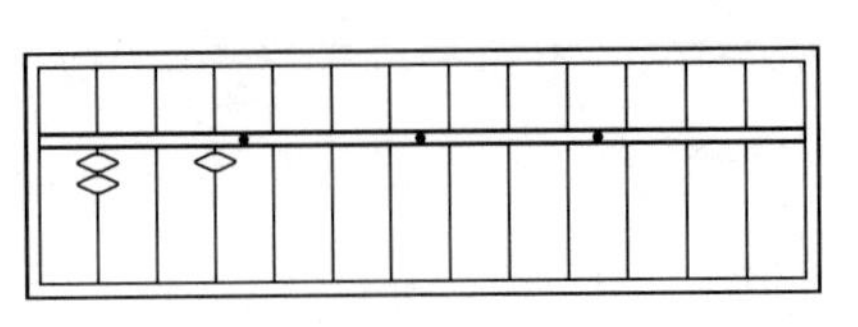

图 2–23

(2) 看被乘数 67 想 67×9 的“一口清”乘积为 603,立即出现白黑两色数珠脑像图(如图 2–24)。

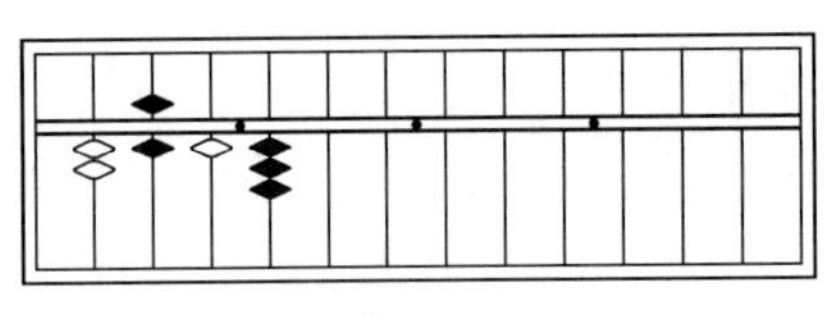

图 2–24

定位:首档实档位相加,即 $m+n=2+2=4$(位)。本题结果是 2,613。

例 2: 2 7 × 3 2

心算过程:(1) 看被乘数 27 想 27×3 的“一口清”,乘积为 81,立即出现白色数珠脑像图(如图 2–25)。

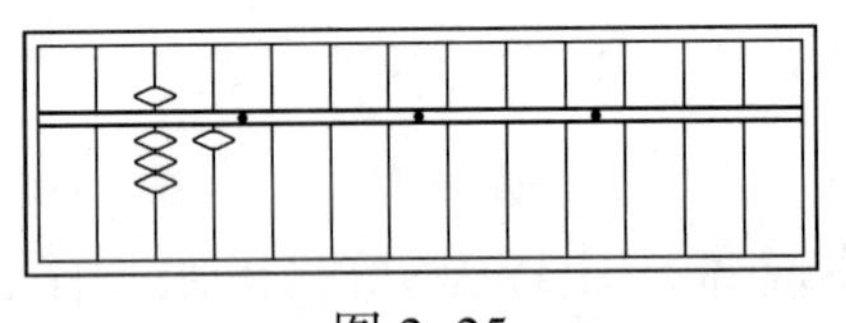

图 2–25

(2) 看被乘数 27 想 27×2 的“一口清”乘积为 54,立即出现白黑两色数珠脑像图(如图 2–26)。

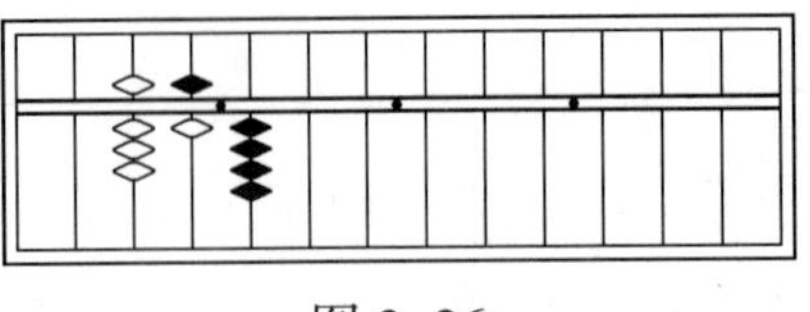

图 2–26

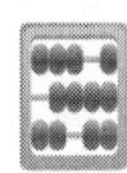

定位:积的首位大于被乘数和乘数首位,用公式(2),即 $m+n-1=2+2-1=3$(位)。本题结果是 864。

例 3:7 4 × 5 3 1

心算过程:(1) 看被乘数 74 想 74×5 的“一口清”乘积为 370,立即出现白色数珠脑像图(如图 2–27)。

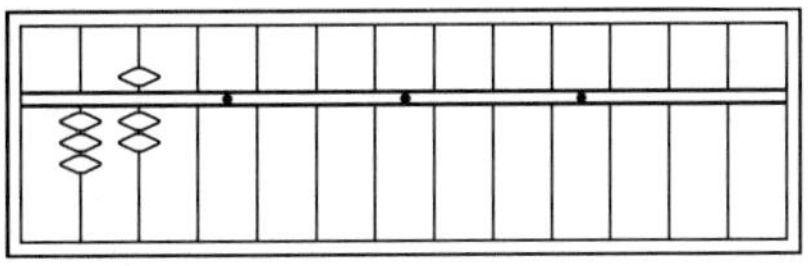

图 2–27

(2) 看被乘数 74 想 74×3 的“一口清”乘积为 222,立即出现白黑两色脑像图(如图 2–28)。

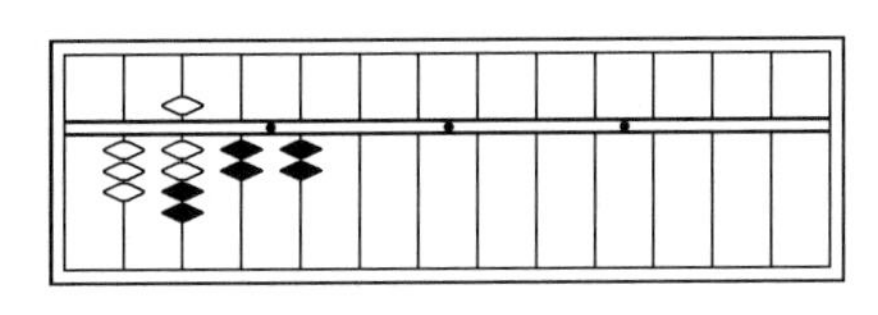

图 2–28

(3) 被乘数 74 想 74×1 的“一口清”乘积为 74,立即出现白黑灰三色数珠脑像图(如图 2–29)。

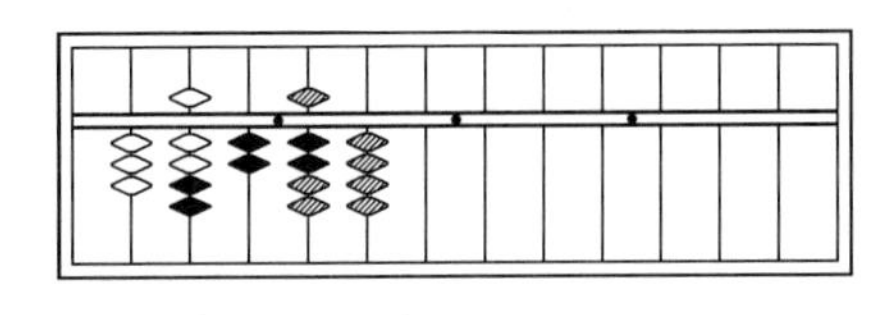

图 2–29

定位:首档实档位相加,即 $m+n=3+2=5$(位)。本题乘积为 39,294。

在学习过程中,如果心算水平高,可直接通过心算累加出结果;对心算水平低的,可用算盘导入进行练习。

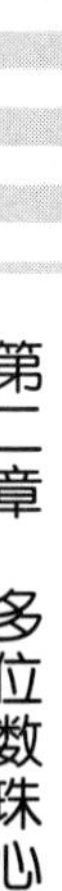

练　　习

46×38	23×18	87×62	53×76	82×93
34×29	73×58	69×25	34×16	57×64
342×138	496×239	592×721	643×423	
728×513	831×628	928×235	762×341	
4,328×236	5,976×734			

第六节　多位数心算乘法训练

多位数心算乘法的训练方法与多位数珠心算乘法的训练方法相同，都是由浅入深，循序渐进，可以先从两位数乘两位数开始训练，每次增加位数都必须用算盘导入。要加强听心算乘法的训练。由于多位数心算乘法占用大脑空间的位置较大，学生难以记住较大的盘式。为减轻对盘式记忆的负担，提高运算速度和准确率，训练时可采用“清头乘”，即经过大脑已经算出的结果，不要把它完全存在脑中，每经过一次累加，首位数已肯定的时候，就要及时写下来。

例1: 4,879 × 3,652

心算过程:(1)　用 3 去乘 4,879 的“一口清”乘积为 14,637，在脑中把它存入盘式(如图 2–30)。

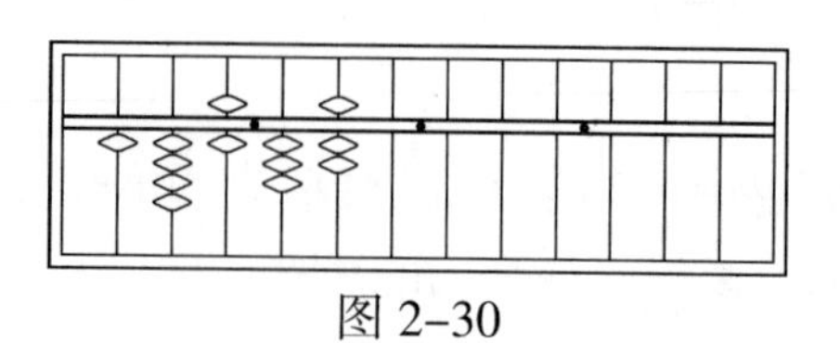

图 2–30

(2) 用 6 去乘 4,879 的“一口清”乘积为 29,274，在脑中的盘式上错位累加后，脑中出现新的盘式图（如图 2–31），写下积的第一位 1，脑记余下盘式（如图 2–32）。

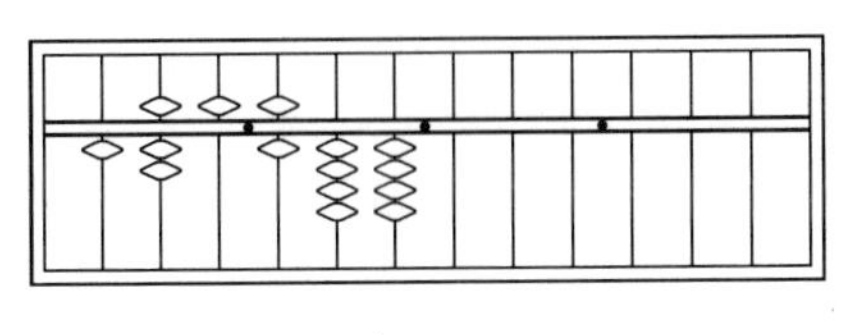

图 2–31

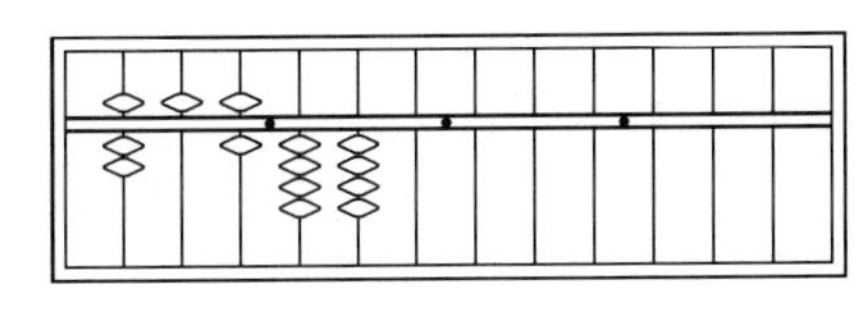

图 2–32

(3) 用 5 去乘 4,879 的“一口清”乘积为 24,395，在脑中余下的盘式（如图 2–32）上错位累加后，脑中出现新的盘式图（如图 2–33），写下第二位积 7，脑记余下盘式（如图 2–34）。

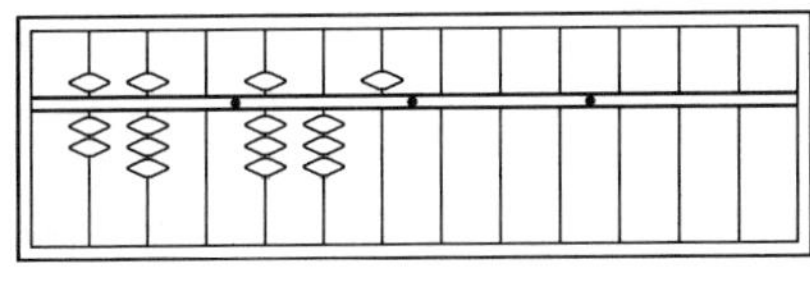

图 2–33

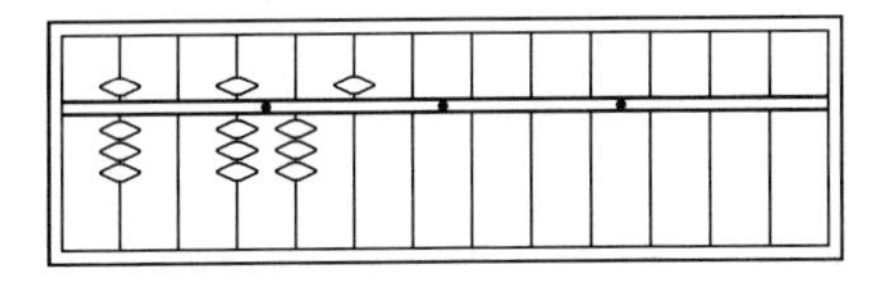

图 2–34

(4) 用 2 去乘 4,879 的“一口清”乘积为 9,758，在脑中余下的盘式（如图 2–34）上错位累加后，脑中出现新的盘式

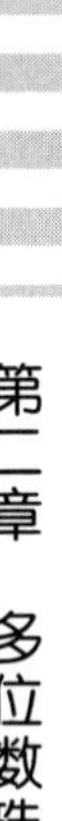

图(如图 2–35),在第二位积后写下剩下的积 818,108。本题结果为 17,818,108。

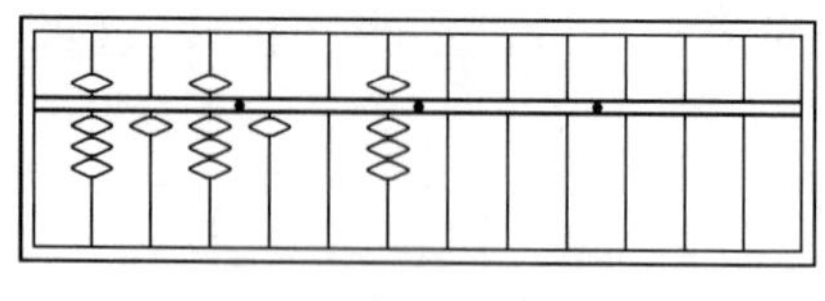

图 7–35

练　习

用心算乘法计算下列各题。

(1) 53×74　81×32　74×59　76×16　98×65

67×98　95×26　36×87　61×95　41×27

(2) 106×49　35×104　54×902　36×519　459×83

852×97　63×528　136×94　627×45　26×304

479×68　85×749　42×708　67×813　638×95

324×28　27×843　478×25　217×83　97×586

(3) 407×612　629×837　741×426　524×361　829×403

153×704　395×85　961×758　637×748　308×914

(4) 9,813×26　8,694×73　1,463×78　59×3,268

59×7,428　2,046×17　9,785×46　9,041×65

96×8,352　76×9,504

(5) 6,189×453　7,412×896　8,957×304

5,203×718　6,304×279　5,104×768

906×2,185　825×6,314　471×9,036

134×8,709　906×4,752　238×5,709

4,896×302　1,957×248　7,032×916

2,863×405　597×1,483　502×4,639

618×7,452　439×6,081

教师和家长留言
JIAOSHI HE JIAZHANG LIUYAN

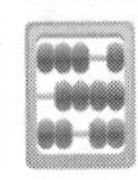

第七节　小数乘法

小数乘法的运算法则与整数乘法运算法则一样，这里就不重复了。不同的是小数乘法运算结果要保留两位小数，第三位小数采用“四舍五入”的办法取近似值。下面举例说明。

例1: 0.2 4 9 × 8 7

运算过程: (1)用 8 去乘 249 的“一口清”乘积为1,992，为首积进位本档加，从算盘左边第一档开始依次拨入1,992(如图 2–36)。

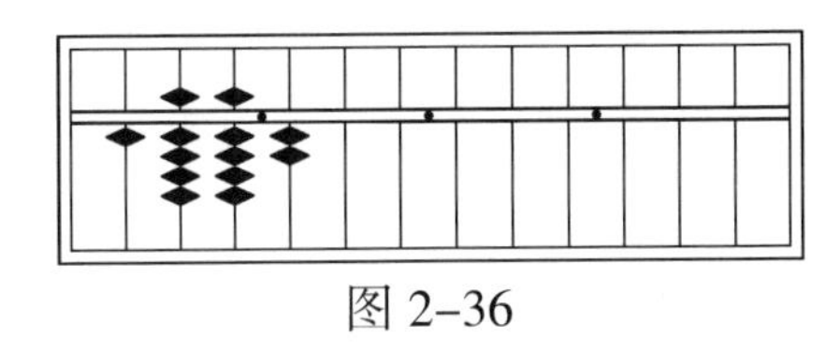

图 2–36

(2) 用 7 去乘 249“一口清”乘积为 1,743，为首积进位本档加，从算盘左边第二档开始依次拨加 1,743。这时算盘上的数是 21,663(如图 2–37)。

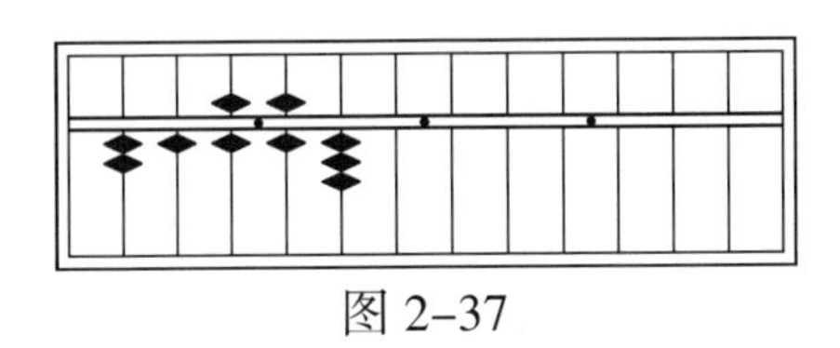

图 2–37

定位: 首档实档位相加，即 $m+n=0+2=2$(位)，保留两位小数，小数点右边第三位是 3 小于 5 舍去。本题结果是21.66。

例 2： 3 6.2 × 0.0 2 6

运算过程：(1) 用 2 去乘 362 的"一口清"乘积为 724，为首积不进位退一档加，从算盘左边第二位开始依次拨入 724(如图 2–38)。

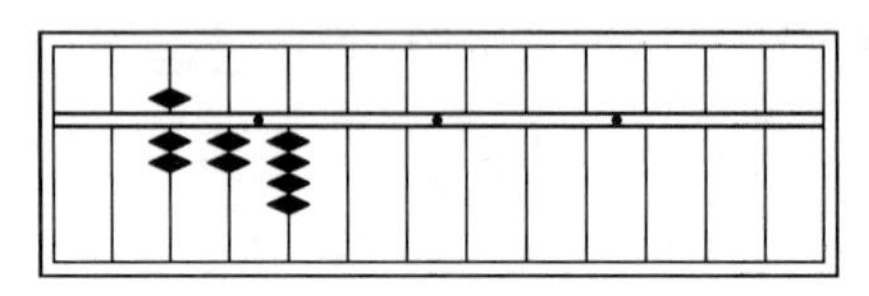

图 2–38

(2) 用 6 去乘 362"一口清"乘积为 2,172，为首积进位本档加，从算盘左边第二档开始依次拨加 2,172，这时算盘上的数是 9,412(如图 2–39)。

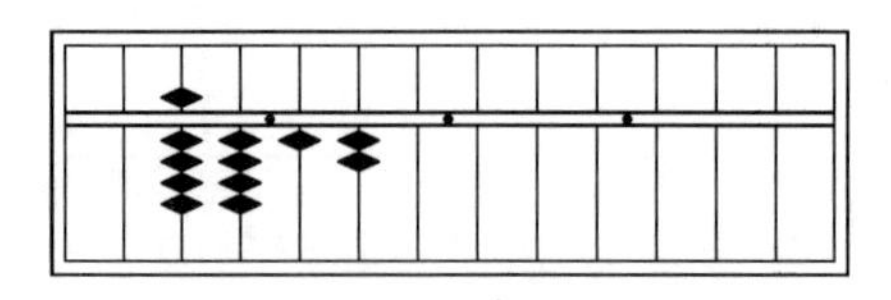

图 2–39

定位：首档空档位相加后减 1，即 $m+n-1=2+(-1)-1=0$ (位)。保留两位小数点，右边第三位是 1 小于 5 舍去。本题结果是 0.94。

练　　习

用珠心算计算下列各题。

48×0.58	0.78×34	3.5×2.8
34.6×0.42	0.036×468	0.756×4.75
6.87×35.4	0.48×64.8	74×0.598
2.68×0.79	78.5×8.92	0.64×97.8
16.73×28.7	0.74×896	7.9×30.4

智力测试

电话号码

某单位电话号码是七位数，前四位数与后三位数的和是3240,前三位数与后四位数的和是9828,问这个单位的电话号码是什么数字?

笼子里是啥猫

A、B、C三个笼子关着9只猫,其中有3只黄猫、3只白猫、3只黑猫。已知:

（1）A笼比B笼少1只猫,C笼比B笼多1只猫;

（2）A笼没有白猫,B笼没有黑猫,C笼没有黄猫;

（3）各个笼子里的猫都不是清一色的。

问A、B、C三个笼子里的猫各有几只?它们分别是什么颜色?

第三章 珠心算除法

ZHUXINSUAN CHUFA

第一节 商除法

第二节 商的定位

第三节 珠算一位数除多位数

第四节 心算一位数除多位数

智力测试

第一节　商除法

在珠算除法的诸多运算方法中,商除法是珠算与笔算有机结合的基本方法,体现了珠算与数学很好的接轨。珠算与数学相同之处有:(1) 口诀相同(九九口诀);(2) 原理相同;(3) 运算步骤相同(试商、减积)。因此,商除法容易被人理解、接受并广泛运用。

一、法则

商除法的法则为"**够除隔位商,隔位减积数;不够除挨位商,挨位减积数**。"被除数的首位大于或等于除数的首位叫够除;被除数的首位小于除数的首位叫不够除;当被除数的首位与除数的首位相同时,则比较它们的第二位、第三位、……。不够除时需要用下一档数字,所以只能是挨位商。

二、置数

(1) 只拨被除数,不拨除数,默记除数。

(2) 从算盘左三档起拨入被除数,前两个空档留作置商。

三、试商

用"九九口诀"或单积"一口清"试商。在多位数除法中,试商难以做到准确无误,会出现三种情况:(1) 商偏大;(2) 商偏小;(3) 商正好。

商偏大:开始难以发现,往往是在计算过程中无法减积时才发现,因此必须退商。退商有三个步骤:先补差、再退商、后减积。退商程序复杂，难以操作，且容易出现差错。因为我们的目的是培养儿童心算能力，所以尽管退商问题珠算还有其他方法可以解决，但在这里就不一一介绍了。

商偏小：商小余数大，必须补商。两者比较，补商容易退商难，所以试商时宁小勿大。退商与补商必然增加拨珠次数，造成时间和精力的浪费，因此要尽可能避免。

四、减积

每次立商后，都要减去商与除数的乘积，简称“减积”。但末位商减积可省略。

五、要求

试商一次准，减积“一口清”。

例1：4,8 5 1 ÷ 7 （多位数除以一位数）

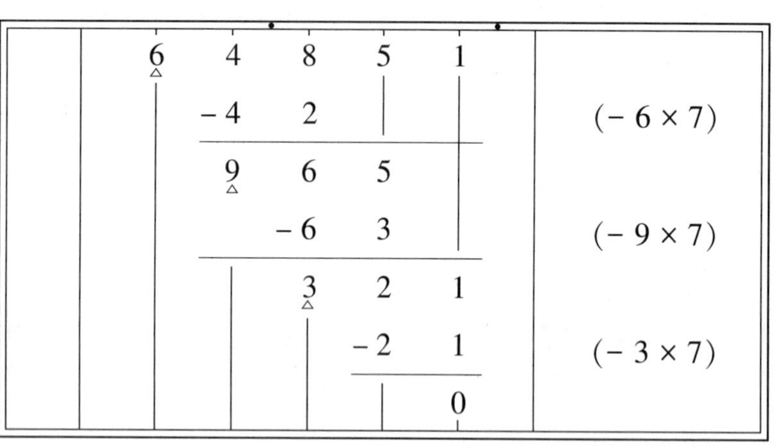

注：“△”符号上的数字表示商数（以下同）。

方法步骤	被除数(余数)和商的珠型
被除数	

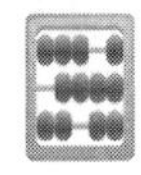

（续表）

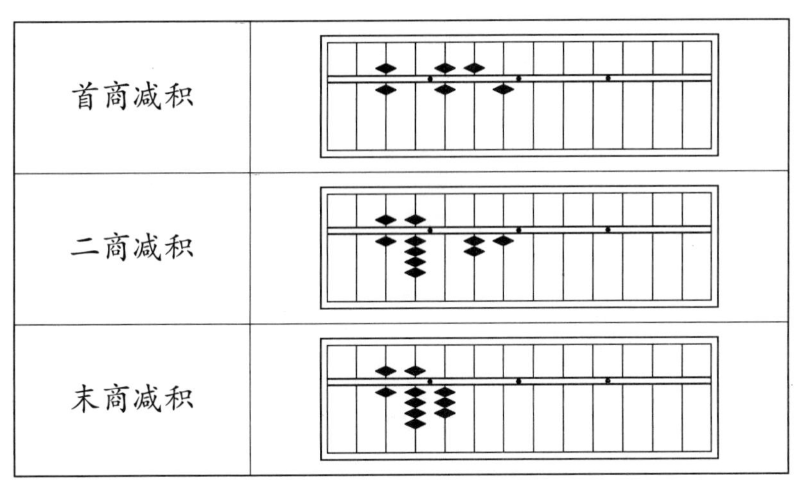

首商减积	
二商减积	
末商减积	

本题特点是被除数的首位小于除数的首位，为“不够除挨位商”。

例 2： 9,864 ÷ 36　（多位数除以两位数）

2		9	8	6	4		
		−6					(−2×3)
		−1	2				(−2×6)
	7	2	6	6	4		
		−2	1				(−7×3)
			−4	2			(−7×6)
		4	1	4	4		
			−1	2			(−4×3)
				−2	4		(−4×6)
					0		

方法步骤	被除数(余数)和商的珠型
被除数	

(续表)

首商减积	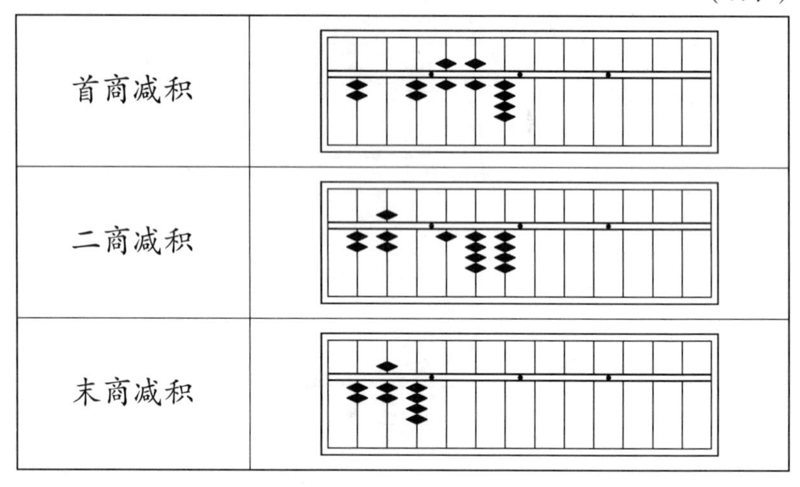
二商减积	
末商减积	

本题特点是被除数的首位大于除数的首位，为“够除隔位商”。

例3： 42,911 ÷ 517 （多位数除以多位数）

8	4	2	9	1	1	
	−4	0				(−8×5)
		−0	8			(−8×1)
			−5	6		(−8×7)
	3	1	5	5	1	
		−1	5			(−3×5)
			−0	3		(−3×1)
				−2	1	(−3×7)
					0	

方法步骤	被除数(余数)和商的珠型
被除数	

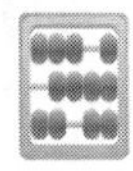

（续表）

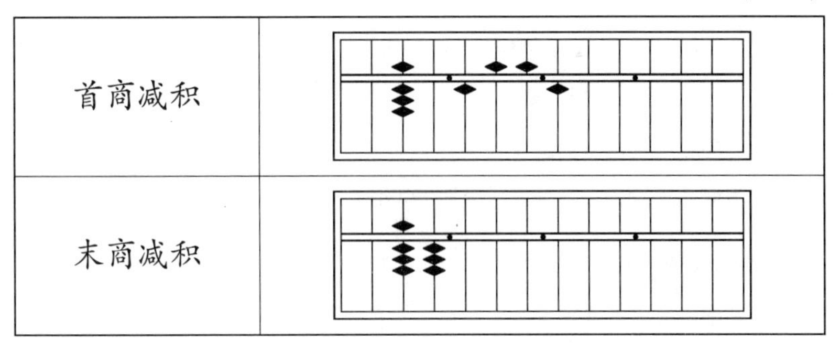

首商减积	
末商减积	

本题特点是被除数的首位小于除数的首位，为“不够除挨位商”。

第二节　商的定位

一、公式定位法

1. 除法的定位公式

设被除数的整数位数为 m，除数的整数位数为 n，商的整数位数为 P，则商的定位公式为：

$$P=\begin{cases} m-n & \cdots\cdots (1) \quad (\text{不够除}) \\ m-n+1 & \cdots\cdots (2) \quad (\text{够除}) \end{cases}$$

例 1： $2,812 \div 74$

因为 $m=4$，$n=2$，被除数的首位 2 小于除数的首位 7，属不够除类型，所以，只能用公式(1)，即 $P=m-n=4-2=2$，商是两位数。本题结果为：

$2,812 \div 74 = 38$

例 2： $4,698 \div 29$

因为 $m = 4, n = 2$,被除数的首位 4 大于除数的首位 2,属够除类型,所以,只能用公式(2),即 $P = m - n + 1 = 4 - 2 + 1 = 3$,商是三位数。本题结果为:

$4,698 \div 29 = 162$

商除法定位公式具有普遍性,对小数除法同样适用,但要把保留小数的下一位四舍五入。

例 3: 3 9 5.1 6 ÷ 7 2.4 (保留 2 位小数)

因为 $m = 3$, $n = 2$,被除数的首位 3 小于除数的首位 7,属不够除类型,所以,只能用公式(1),即 $P = m - n = 3 - 2 = 1$,商是一位整数。本题结果为:

$395.16 \div 72.4 = 5.458 = 5.46$

2. 乘法定位公式与除法定位公式比较

公式定位法是珠算乘法与除法中的难点,我们要在认识各字母内涵的基础上,理解乘法定位公式与除法定位公式的本质区别。为了使儿童对二者能够区别和记忆,特制作下表:

算法	字母含义			公式
	m	n	P	
乘法	被乘数整数位数	乘数整数位数	积的整数位数	$P=\begin{cases} m+n & (1)\ (首档实档) \\ m+n-1 & (2)\ (首档空档) \end{cases}$
除法	被除数整数位数	除数整数位数	商的整数位数	$P=\begin{cases} m-n & (1)\ (不够除) \\ m-n+1 & (2)\ (够除) \end{cases}$

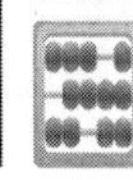

3. 小数除法

前面讲过，除法定位公式具有普遍性，不仅适用于整数除法，对小数除法同样适用。但小数除法定位公式的使用有下面两种情况。

(1) 先定位后计算

例：4 2 7.3 9 5 ÷ 8 6.1 3　(保留两位小数)

因为 $m = 3, n = 2$，被除数首位是 4，除数首位是 8，被除数首位小于除数首位，所以用公式(1)，即 $P = m - n = 3 - 2 = 1$，商是 1 位整数。

因为保留两位小数，所以要除到第三位小数，第三位小数四舍五入。第三位小数不需要拨珠，只要把余数和半除数比较即可：如果余数小于半除数，则舍去第三位小数，第二位小数不变；如果余数大于半除数，则舍去第三位小数后，在第二位小数上加 1。

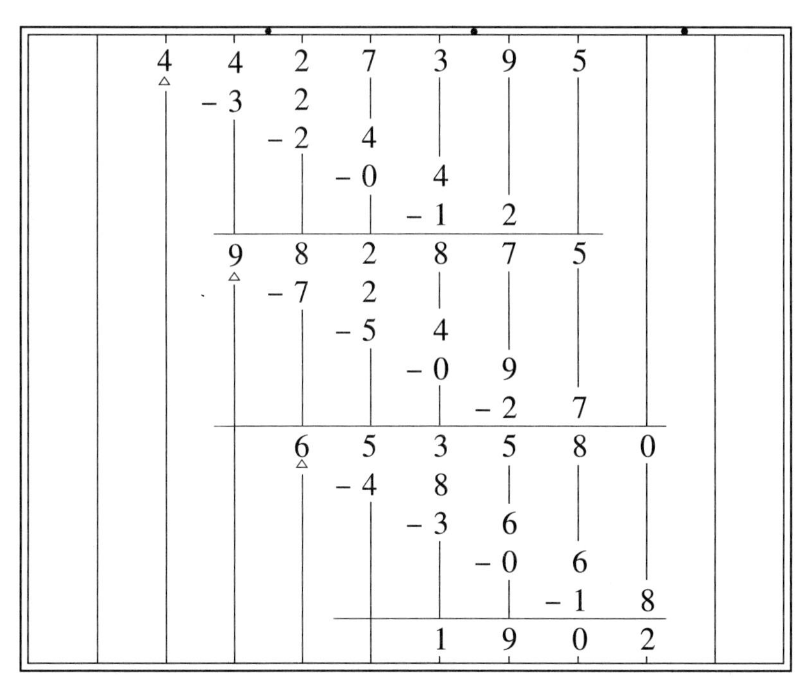

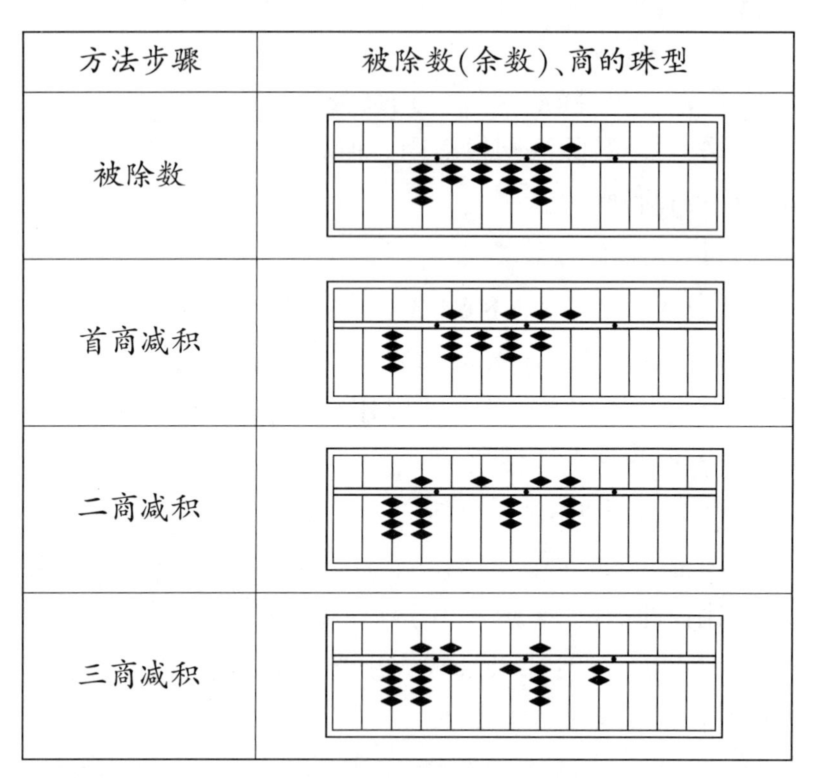

方法步骤	被除数(余数)、商的珠型
被除数	
首商减积	
二商减积	
三商减积	

余数 1,902,半除数 4,307,因为 1,902 小于 4,307,舍去第 3 位小数 2,所以本题结果为 4.96。

(2) 先计算后定位

例: 427.395 ÷ 86.13 (保留两位小数)

经计算,商的前几位数是496267 ……(盘表与珠型略)。

因为被除数首位是 4,除数首位是 8,4 小于 8,即被除数首位小于除数首位,只能用公式(1),即 $m - n = 3 - 2 = 1$,商是一位整数,保留二位小数,小数第三位 2 舍掉,所以本题结果为 4.96。

先计算后定位,必然大量增加拨珠次数,影响速度;先定位后计算,运算前就胸有成竹,可以简化运算程序,减少拨珠次数,避免无效劳动。

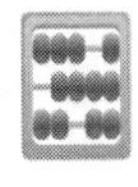

练　　习

用公式法确定商的整数位数。

(1) 90.56 ÷ 3.7　　(2) 0.4826 ÷ 0.73

(3) 7.018 ÷ 0.93　　(4) 374.9 ÷ 61.48

(5) 283.5 ÷ 9.4　　(6) 25.3 ÷ 72.6

(7) 0.9451 ÷ 0.26　　(8) 0.394 ÷ 0.086

(9) 8.093 ÷ 2.4　　(10) 5.281 ÷ 7.6

(11) 81.75 ÷ 32.6　　(12) 0.7259 ÷ 0.048

二、固定个位法

公式定位法是先确定被除数首位在算盘的左三档，计算后再用公式给商定位；固定个位法是先确定商的个位档，再用定档公式确定被除数首位档次。

(1) 以算盘左边第二个分节号为准，分节号前 1 档为正一档，前 2 档为正二档，前 3 档为正三档；分节号后 1 档为 0 位档，后 2 档为负一档，后 3 档为负二档……第二个分节号就当作小数点。

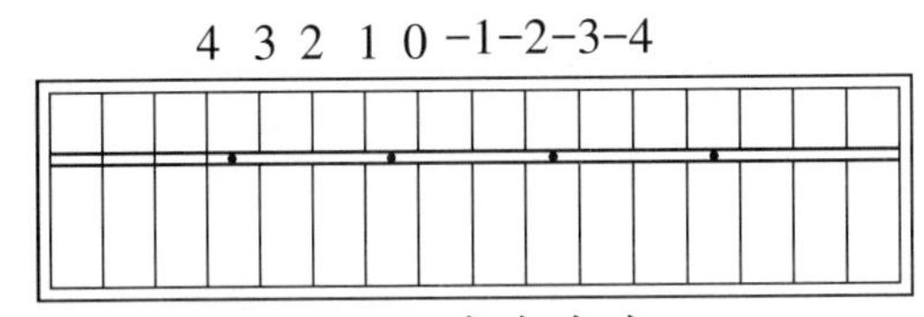

(2) 用定档公式 $m-n-1$(注：不同于定位公式)确定被除数首位档次，公式中 m 为 被除数的整数位数，n 为除数的整数位数。

(3) 用商除法法则进行计算。

(4) 利用算盘左边第二个分节号作为小数点，分节号前的数是商的整数部分，分节号后的数是商的小数部分。

例： 3 9.1 7 5 ÷ 6.2 4

(1) 用定档公式确定被除数首位档次。因为 $m=2, n=1$，所以 $m-n-1=2-1-1=0$，即被除数首位在 0 位档。

(2) 自 0 位档起拨入被除数 39175。

(3) 用商除法法则计算。

(4) 第三位小数 4 舍 5 入得商。

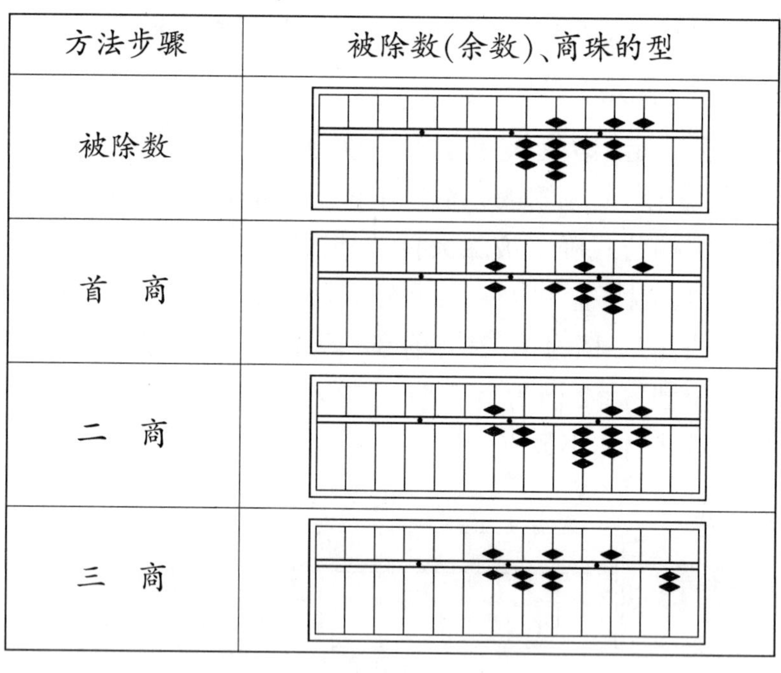

方法步骤	被除数(余数)、商珠的型
被除数	
首　商	
二　商	
三　商	

因为余数 502 大于半除数 312，第二位小数加 1，所以本题商为 6.28。

对固定个位法和公式定位法进行比较，会发现前者有较大的优越性，它简单明确、速度快、正确率高、能避免差错。这里介绍固定个位法，目的是为以后学习心算除法提供方便。固定个位法对整数除法也适用。

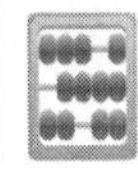

练　　习

用固定个位法确定被除数首位档次。

(1) 554,552 ÷ 824　　(2) 4,030,572 ÷ 7,382

(3) 391.4 ÷ 75.6　　(4) 5.807 ÷ 0.92

(5) 0.3827 ÷ 0.69　　(6) 7.259 ÷ 4.6

(7) 50.81 ÷ 91.3　　(8) 0.9257 ÷ 0.38

(9) 9.276 ÷ 17.5　　(10) 0.9174 ÷ 2.6

(11) 2.914 ÷ 0.016　　(12) 0.8361 ÷ 0.025

第三节　珠算一位数除多位数

珠算一位数除多位数的方法与笔算除法基本相同,先用九九乘法口诀心算估商,再从被除数中减去商与除数的乘积。余数为新的被除数,再估商继续除,直到除尽或要保留的小数位数为止。一位数除多位数是为学习多位数除法的试商打好基础。

例1: 4,6 7 8 ÷ 2

运算过程:(1) 被除数首位拨珠的档次是 $m-n-1=4-1-1=2$,从正二档开始向右逐位拨入被除数 4678(如图 3-1)。

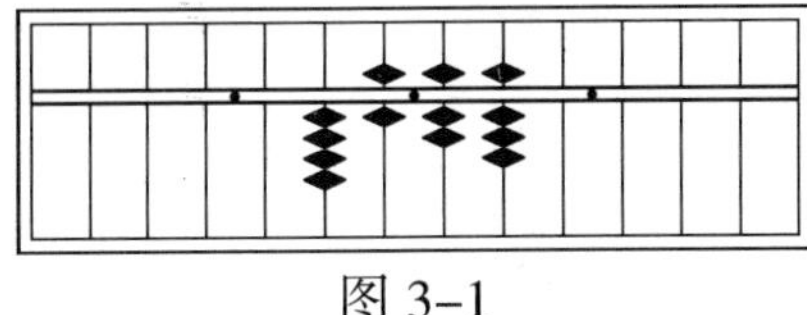

图 3-1

(2) 除数首位 4 大于除数首位 2,够除隔位商,估得第一位商 2, 应拨在正四档上。从正二档减去 2 与 2 的乘积 4,盘上余数为 678(如图 3-2)。

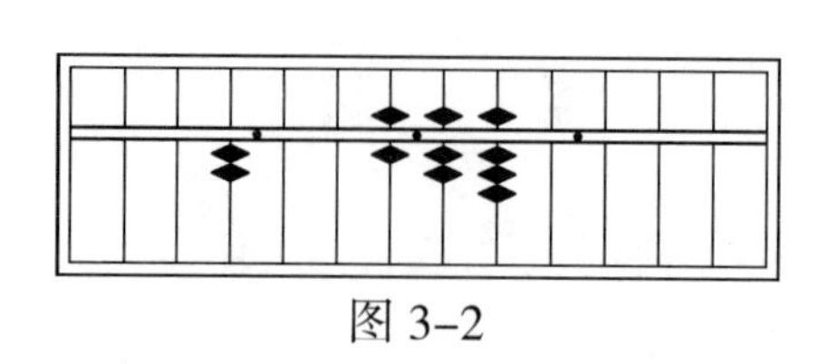

图 3-2

(3) 余数 678 为新的被除数,够除隔位商,估得第二位商 3,应拨在正三档上。从正一档上减去 3 与 2 的乘积 6,盘上余数是78(如图 3-3)。

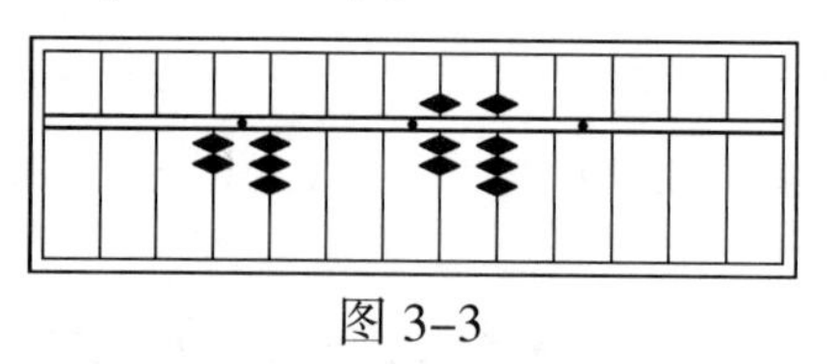

图 3-3

(4) 余数 78 为新的被除数,够除隔位商,估得第三位商 3,应拨在正二档上。从 0 位档上减去 3 与 2 的乘积 6,算盘上余数是 18(如图 3-4)。

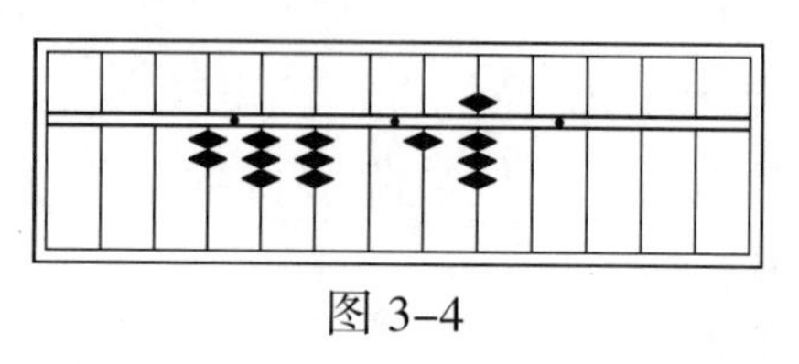

图 3-4

(5) 余数 18 为新的被除数,被除数首位 1 小于除数首位 2,不够除挨位商,估得第四位商 9,应拨在正一档上。从 0 位档开始向右依次减去 9 与 2 的乘积 18,正好除尽。因正一档是商的个位,所以本题最后结果是 2,339(如图 3-5)。

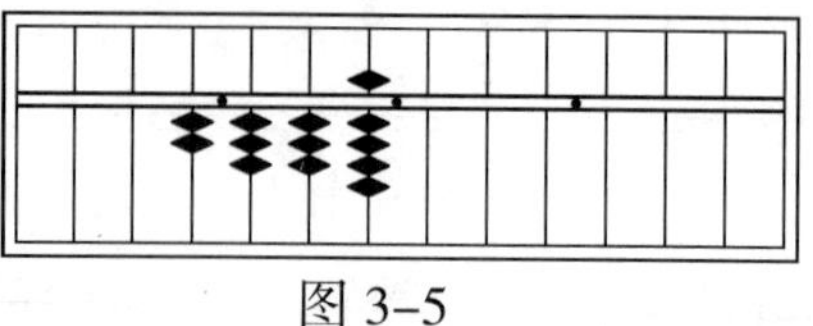

图 3-5

例 2: 4 3 8 ÷ 6

运算过程:(1) 被除数首位拨珠的档次是 $m-n-1=3-1-1=$

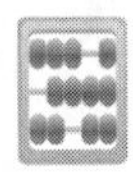

1,从正一档开始向右依次拨入被除数 438(如图 3-6)。

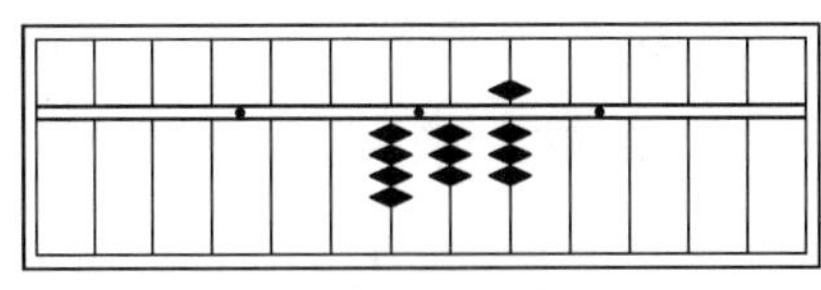

图 3-6

(2) 被除数首位 4 小于除数首位 6,不够除挨位商,估得第一位商 7,应拨在正二档上。从正一档开始向右依次减去 6 与 7 的乘积 42,盘上余数是 18(如图3-7)。

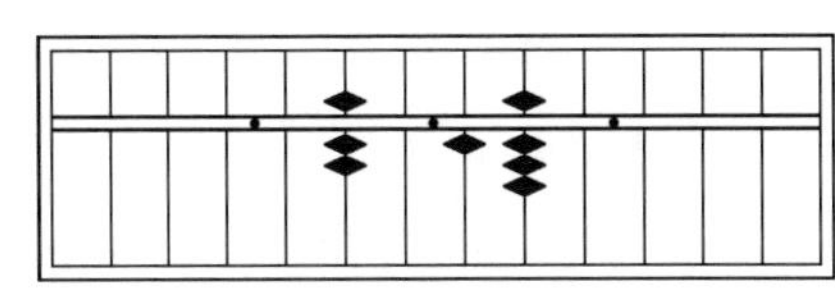

图 3-7

(3) 余数 18 为新的被除数,被除数的首位 1 小于除数 6,不够除挨位商,估得第二位商 3,应拨在正一档上。从 0 位档开始向右依次减去 3 与 6 的乘积 18,正好除尽。算盘上的数为 73(如图 3-8)。因正一档是商的个位,所以本题结果是 73。

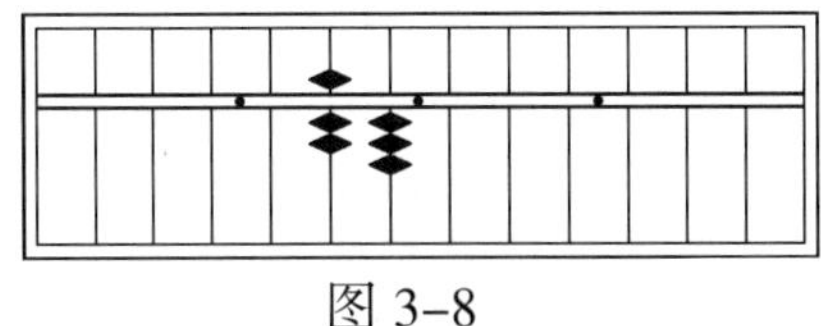

图 3-8

例 3: 6,3 4 5 ÷ 9

运算过程:(1) 被除数首位拨珠的档次是 $m-n-1=4-1-1=2$,从算盘正二档开始向右依次拨入被除数 6,345(如图 3-9)。

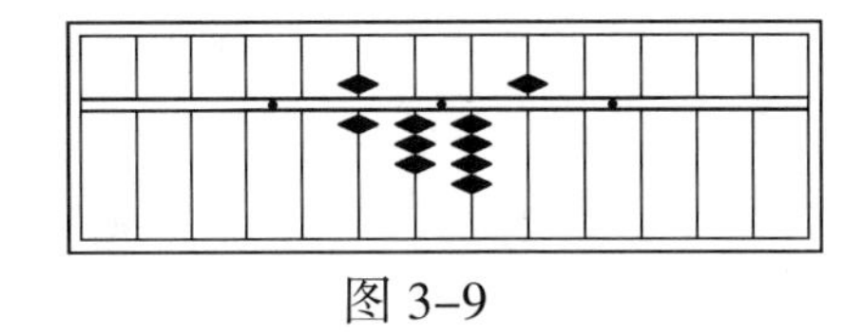

图 3-9

(2) 被除数首位 6 小于除数首位 9,不够除挨位商,估得第一位商 7,应拨在正三档上。从正二档开始向右依次减去 7 与 9 的乘积 63,盘上余数是 45(如图 3–10)。

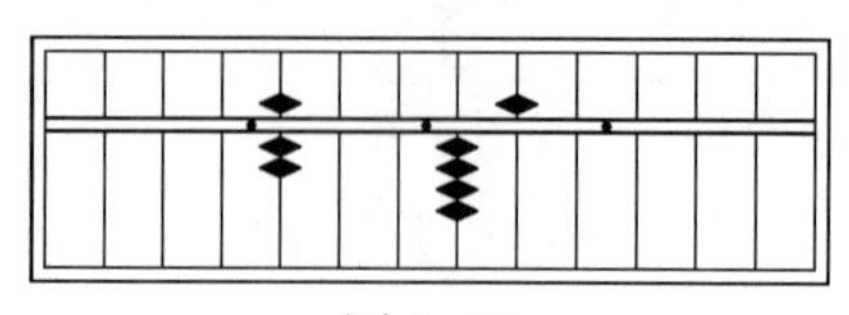

图 3–10

(3) 余数 45 为新的被除数,其首位 4 小于除数首位 9,不够除挨位商,估得正一档上的商为 5。从 0 位档开始向右依次减去 5 与 9 的乘积 45,正好除尽。因正一位档为商的个位,所以本题结果是 705(如图 3–11)。

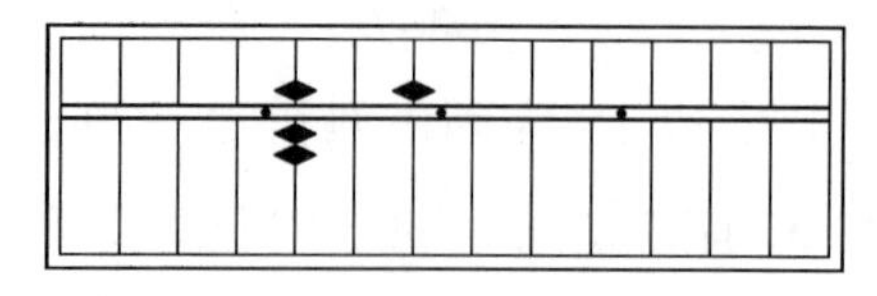

图 3–11

练　　习

用珠算计算下列各题。

398 ÷ 2	4,328 ÷ 4	2,815 ÷ 5
246 ÷ 3	486 ÷ 2	5,980 ÷ 5
3,493 ÷ 7	492 ÷ 3	128 ÷ 4
7,325 ÷ 5	2,456 ÷ 8	8,561 ÷ 7
7,821 ÷ 9	2,975 ÷ 7	2,892 ÷ 6
8,541 ÷ 9	1,386 ÷ 7	872 ÷ 8
7,664 ÷ 8	1,236 ÷ 6	618 ÷ 6
3,808 ÷ 8	2,217 ÷ 3	1,806 ÷ 3
7,968 ÷ 2	8,694 ÷ 2	3,848 ÷ 4
2,820 ÷ 4	2,795 ÷ 5	9,630 ÷ 5
3,816 ÷ 3	9,632 ÷ 4	

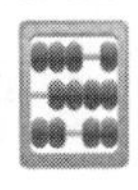

第四节 心算一位数除多位数

一位数除多位数的心算是一位数乘多位数心算的逆运算,它是在熟练掌握“一口清”的基础上进行的。它的运算方法是当2、3、4、5、6、7、8、9去除任何多位数时，其运算过程：(1)默记商与除数的乘积“一口清”;(2)用心算从被除数中减去商与除数的乘积;(3) 将余数落下做新的被除数，继续除,直到除尽或除到要求的小数位数为止。心算一位数除多位数的运算竖式与笔算除法竖式基本相同。

一、除数是2的心算除法

例1: 968 ÷ 2

心算过程:

```
              484 …… 商
除数 … 2 ) 968 …… 被除数
            1     …… 余数(9减去4与2的乘积8,余1)
            16    …… 新的被除数(把被除数第二位6落下)
             0    …… 余数(16减去8与2的乘积16,余0)
              8   …… 新的被除数(把被除数的第三位8落下)
              0   …… 除尽(8减去4与2的乘积8,无余数)
```

例2: 1,296 ÷ 2

心算过程:

```
               648 …… 商
除数 … 2 ) 1296 …… 被除数
            0      …… 余数(12减去6与2的乘积12,余0)
             9     …… 新的被除数(把被除数第三位9落下)
             1     …… 余数(9减去4与2的乘积8,余1)
             16    …… 新的被除数(把被除数第四位6落下)
               0   …… 除尽(16减去8与2的乘积16,无余数)
```

练　　习

用“一口清”心算除法计算下面各题。

438 ÷ 2	1,284 ÷ 2	8,316 ÷ 2
382 ÷ 2	1,856 ÷ 2	15,638 ÷ 2
2,874 ÷ 2	8,764 ÷ 2	17,938 ÷ 2
5,372 ÷ 2	6,958 ÷ 2	23,690 ÷ 2
7,538 ÷ 2	9,630 ÷ 2	96,306 ÷ 2

二、除数是3的心算除法

例3：786 ÷ 3

心算过程：

```
            2 6 2 …… 商
除数 … 3 ) 7 8 6 …… 被除数
            1     …… 余数(7减去2与3的乘积6，余1)
            1 8   …… 新的被除数(把被除数第二位8落下)
              0   …… 余数(18减去6与3的乘积18，余0)
                6 …… 新的被除数(把被除数第三位6落下)
                0 …… 除尽(6减去2与3的乘积，无余数)
```

例4：2,985 ÷ 3

心算过程：

```
              9 9 5 …… 商
除数 … 3 ) 2 9 8 5 …… 被除数
              2     …… 余数(29减去9与3的乘积27，余2)
              2 8   …… 新的被除数(把被除数第三位8落下)
                1   …… 余数(28减去9与3的乘积27，余1)
                1 5 …… 新的被除数(把被除数第四位5落下)
                  0 …… 除尽(15减去5与3的乘积15，无余数)
```

练　　习

用“一口清”心算除法计算下面各题。

891 ÷ 3　　2,124 ÷ 3　　7,182 ÷ 3　　21,267 ÷ 3

507 ÷ 3　　1,092 ÷ 3　　6,291 ÷ 3　　19,023 ÷ 3

558 ÷ 3　　2,109 ÷ 3　　9,726 ÷ 3　　57,834 ÷ 3

936 ÷ 3　　4,944 ÷ 3　　3,852 ÷ 3　　68,127 ÷ 3

三、除数是 4 的心算除法

例 5: 3,7 5 2 ÷ 4

心算过程:

```
              9 3 8 …… 商
除数 … 4 ) 3 7 5 2 …… 被除数
          ─────────
           1        …… 余数(37 减去 9 与 4 的乘积 36,余 1)
          ─────
           1 5      …… 新的被除数(把被除数第三位 5 落下)
          ─────
             3      …… 余数(15 减去 3 与 4 的乘积 12,余 3)
            ────
             3 2    …… 新的被除数(把被除数第四位 2 落下)
            ────
               0    …… 除尽(32 减去 8 与 4 的积 32,无余数)
```

例 6: 8,0 7 2 ÷ 4

心算过程:

```
            2 0 1 8 …… 商
除数 … 4 ) 8 0 7 2 …… 被除数
          ─────────
          0         …… 余数(8 减去 2 与 4 的乘积 8,余 0)
          ─────────
              7     …… 新的被除数(被除数第二位是 0,
                        把第三位 7 落下,被除数第二
                        位不够除,商的第二位应补 0)
             ────
              3     …… 余数(7 减去 1 与 4 的乘积 4,余 3)
             ────
              3 2   …… 新的被除数(把被除数第四位 2 落下)
             ────
                0   …… 除尽(32 减去 8 与 4 的乘积 32,无余数)
```

练　习

用"一口清"心算除法计算下列各题。

1,012 ÷ 4	744 ÷ 4	3,752 ÷ 4	23,616 ÷ 4
2,788 ÷ 4	860 ÷ 4	8,460 ÷ 4	10,836 ÷ 4
3,848 ÷ 4	756 ÷ 4	3,500 ÷ 4	32,856 ÷ 4
1,476 ÷ 4	536 ÷ 4	7,408 ÷ 4	96,340 ÷ 4

四、除数是 5 的心算除法

例 7： 3,945 ÷ 5

心算过程：

```
              789 …… 商
除数 … 5 ) 3945 …… 被除数
            4     …… 余数(39 减去 7 与 5 的乘积 35，余 4)
            44    …… 新的被除数(把被除数第三位 4 落下)
             4    …… 余数(44 减去 8 与 5 的乘积 40，余 4)
             45   …… 新的被除数(把被除数第四位 5 落下)
              0   …… 除尽(45 减去 9 与 5 的乘积 45，无余数)
```

例 8： 30,140 ÷ 5

心算过程：

```
              6028 …… 商
除数 … 5 ) 30140 …… 被除数
            0      …… 余数(30 减去 6 与 5 的乘积 30，余 0)
             1     …… 新的被除数(不够除，商 0)
             14    …… 新的被除数(把被除数第四位 4 落下)
              4    …… 余数(14 减去 2 与 5 的乘积 10，余 4)
              40   …… 新的被除数(把被除数第五位 0 落下)
               0   …… 除尽(40 减去 8 与 5 的乘积 40，无余数)
```

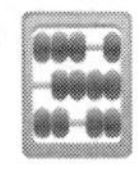

练　　习

用“一口清”心算除法计算下列各题。

870 ÷ 5	3,770 ÷ 5	7,640 ÷ 5	10,280 ÷ 5
680 ÷ 5	4,395 ÷ 5	8,920 ÷ 5	39,565 ÷ 5
1,545 ÷ 5	4,515 ÷ 5	9,365 ÷ 5	40,645 ÷ 5
4,310 ÷ 5	8,570 ÷ 5	6,875 ÷ 5	26,870 ÷ 5

五、除数是6的心算除法

例9：948 ÷ 6

心算过程：

```
          158 …… 商
除数 … 6 )948 …… 被除数
          3    …… 余数(9减去1与6的乘积6，余3)
          34   …… 新的被除数(把被除数第二位4落下)
           4   …… 余数(34减去5与6的乘积30，余4)
           48 …… 新的被除数(把被除数第三位8落下)
             0 …… 除尽(48减去6与8的乘积48，无余数)
```

例10：48,138 ÷ 6

心算过程：

```
            8023 …… 商
除数 … 6 )48138 …… 被除数
           0      …… 余数(48减去8与6的乘积48，
                       余0)
            1     …… 新的被除数(不够除，商0)
            13    …… 新的被除数(把被除数第四位3
                       落下)
              1   …… 余数(13减去2与6的乘积12，余1)
              18 …… 新的被除数(把被除数第五位8
                       落下)
                0 …… 除尽(18减去3与6的乘积18，
                       无余数)
```

练　　习

用“一口清”心算除法计算下列各题。

618 ÷ 6	5,448 ÷ 6	8,448 ÷ 6	17,238 ÷ 6
948 ÷ 6	1,482 ÷ 6	8,190 ÷ 6	30,138 ÷ 6
726 ÷ 6	4,146 ÷ 6	9,036 ÷ 6	58,806 ÷ 6
834 ÷ 6	3,186 ÷ 6	2,844 ÷ 6	46,164 ÷ 6

六、除数是 7 的心算除法

例 11：1,6 4 5 ÷ 7

心算过程：

```
              2 3 5 …… 商
除数 … 7 ) 1 6 4 5 …… 被除数
            2       …… 余数(16 减去 2 与 7 的乘积 14,余 2)
            2 4     …… 新的被除数(把被除数第三位 4 落下)
              3     …… 余数(24 减去 3 与 7 的乘积 21,余 3)
              3 5   …… 新的被除数(把被除数第四位 5 落下)
                0   …… 除尽(35 减去 5 与 7 的乘积 35,无余数)
```

例 12：8,2 9 4 ÷ 7

心算过程：

```
            1 2 4 2 …… 商
除数 … 7 ) 8 6 9 4 …… 被除数
          1         …… 余数(8 减去 1 与 7 的乘积 7,余 1)
          1 6       …… 新的被除数(把被除数第二位 6 落下)
            2       …… 余数(16 减去 2 与 7 的乘积 14,余 2)
            2 9     …… 新的被除数(把被除数第三位 9 落下)
              1     …… 余数(29 减去 4 与 7 的乘积 28,余 1)
              1 4   …… 新的被除数(把被除数第四位 4 落下)
                0   …… 除尽(14 减去 2 与 7 的乘积 14,无余数)
```

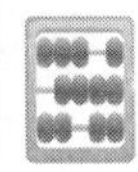

练　　习

用“一口清”心算除法计算下列各题。

1,323 ÷ 7	728 ÷ 7	42,567 ÷ 7	7,581 ÷ 7
2,156 ÷ 7	749 ÷ 7	52,164 ÷ 7	5,845 ÷ 7
4,263 ÷ 7	868 ÷ 7	17,598 ÷ 7	4,984 ÷ 7
5,488 ÷ 7	938 ÷ 7	28,448 ÷ 7	3,094 ÷ 7

七、除数是 8 的心算除法

例 13：5,4 4 8 ÷ 8

心算过程：

　　　　6 8 1 …… 商
除数 … 8) 5 4 4 8 …… 被除数
　　　　6　　…… 余数(54 减去 6 与 8 的乘积 48，余 6)
　　　　6 4　…… 新的被除数(把被除数第三位 4 落下)
　　　　　0　…… 余数(64 减去 8 与 8 的乘积 64，余 0)
　　　　　　8 …… 新的被除数(把被除数第四位 8 落下)
　　　　　　0 …… 除尽(8 减去 1 与 8 的乘积 8，无余数)

例 14：8,9 8 4 ÷ 8

心算过程：

　　　1 1 2 3 …… 商
除数 … 8) 8 9 8 4 …… 被除数
　　　0　　　…… 余数(8 减去 1 与 8 的乘积 8，余 0)
　　　　9　　…… 新的被除数(把被除数第二位 9 落下)
　　　　1　　…… 余数(9 减去 1 与 8 的乘积 8，余 1)
　　　　1 8　…… 新的被除数(把被除数第三位 8 落下)
　　　　　2　…… 余数(18 减去 2 与 8 的乘积 16，余 2)
　　　　　2 4 …… 新的被除数(把被除数第四位 4 落下)
　　　　　　0 …… 除尽(24 减去 3 与 8 的乘积 24，无余数)

练　　习

用“一口清”心算除法计算下列各题。

872 ÷ 8	5,424 ÷ 8	7,264 ÷ 8	60,832 ÷ 8
944 ÷ 8	3,672 ÷ 8	1,976 ÷ 8	28,696 ÷ 8
584 ÷ 8	1,424 ÷ 8	4,752 ÷ 8	54,864 ÷ 8
912 ÷ 8	4,288 ÷ 8	2,608 ÷ 8	8,624 ÷ 8

八、除数是 9 的心算除法

例 15：3,5 6 4 ÷ 9

心算过程：

```
            3 9 6 …… 商
除数 … 9 ) 3 5 6 4 …… 被除数
            8       …… 余数(35 减去 3 与 9 的乘积 27,余 8)
            8 6     …… 新的被除数(把被除数第三位 6 落下)
              5     …… 余数(86 减去 9 与 9 的乘积 81,余 5)
              5 4   …… 新的被除数(把被除数第四位 4 落下)
                0   …… 除尽(54 减去 6 与 9 的乘积 54,无余数)
```

例 16：9,7 4 7 ÷ 9

心算过程：

```
           1 0 8 3 …… 商
除数 … 9 ) 9 7 4 7 …… 被除数
           0       …… 余数(9 减去 1 与 9 的乘积 9,余 0)
             7     …… 新的被除数(把被除数第二位 7 落下,
                      不够除,商补 0)
             7 4   …… 新的被除数(把被除数第三位 4 落下)
               2   …… 余数(74 减去 8 与 9 的乘积 72,余 2)
               2 7 …… 新的被除数(把被除数第四位 7 落下)
                 0 …… 除尽(27 减去 3 与 9 的乘积 27,无余数)
```

教师和家长留言

JIAOSHI HE JIAZHANG LIUYAN

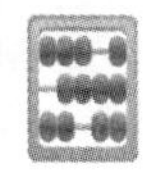

一位数除多位数的心算，在运算过程中，除数与商相乘时千万不要用乘法口诀计算，必须用“一口清”心算。

练　　习

用“一口清”心算除法计算下列各题。

3,573 ÷ 9	5,274 ÷ 9	1,935 ÷ 9	76,878 ÷ 9
7,416 ÷ 9	6,309 ÷ 9	9,486 ÷ 9	27,873 ÷ 9
4,203 ÷ 9	8,055 ÷ 9	6,786 ÷ 9	48,672 ÷ 9
1,746 ÷ 9	4,347 ÷ 9	3,537 ÷ 9	64,386 ÷ 9

智力测试

奇妙的“缺 8 数”

北京国子监从前是皇宫贵族的子弟学校。有一天，国子监里的老师在教学生学习珠算，老师刚在一张纸上写好题目“12345679× 72”时，只听一声：“皇上驾到！”老师来不及将题目藏起来，就慌忙出门迎接。皇上进屋看了这道算题后很生气。这个老师很聪明，虽然慌张了一阵，但很快镇静下来，他让学生立即对这道题进行运算。“噼里啪啦”，一阵算盘响过后，学生们就把这道题算好了。老师请皇上视察。皇上看了学生运算结果，又高兴了起来。

皇上为什么先生气，后来又高兴呢？

原来皇上最喜欢数字“8”。“8”谐音“发”，即发财的意思，而题目中被乘数里，其他非零数字个个有，唯独没有“8”，所以皇上才生气。

12345679叫“缺8数”，正因缺8数中没有“8”，所以乘积才全是“8”，而且是九个“8”，即12345679×72=888888888。“九”寓意“九老长寿”，即长生不老。既当皇帝，又发财，还长生不老，真是神仙过的日子，这个迷信的皇上能不高兴吗？其实生老病死的自然规律是任何人也逃脱不了的。

喝 牛 奶

早晨，小龙正在读语文课文，妈妈给他送来了一杯牛奶。第一次，小龙喝了半杯，妈妈用开水把杯子加满；第二次，小龙又喝了半杯，妈妈又用开水把杯子加满；第三次，小龙把杯子里的牛奶和水全部喝完。

问小龙喝了几杯牛奶、几杯水？

第四章　多位数珠心算除法

DUOWEISHU ZHUXINSUAN CHUFA

第一节　够除型多位数珠心算除法

第二节　不够除型多位数珠心算除法

第三节　商中间有零的多位数珠心算除法

第四节　多位数心算除法

第五节　小数除法

第六节　正负数商除法

第七节　多位数心算除法综合训练

智力测试

多位数珠心算除法和多位数珠心算乘法一样,是在熟练掌握珠心算加减法和“一口清”的基础上进行的。珠心算多位数除法是以珠心算加减法为基础,以“一口清”为核心,其运算方法恰好是多位数乘法的逆运算。它和一位数除多位数的运算方法一样,都是用“一口清”心算出商与除数的乘积,然后“群积递减”算出结果。具体运算方法是先用固定个位法确定被除数首位拨珠的档次,再估商,从被除数中减去积数,直到除尽或要求保留的小数位数为止。

第一节　够除型多位数珠心算除法

够除型多位数珠心算除法,就是被除数首位大于或等于除数首位。

例1: 9,612 ÷ 18

运算过程:(1) 被除数首位拨珠的档次为4-2-1=1,从算盘正一档开始向右依次拨入被除数9612(如图4-1)。

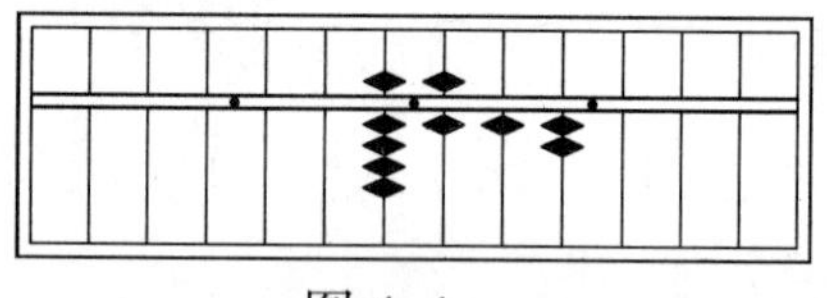

图4-1

(2) 被除数首位9大于除数首位1,够除隔位商,估得首商为5,应拨在算盘正三档上。“一口清”心算出商5与除数18的乘积90,从算盘正一档开始向右依次减去90,算盘上余数是612(如图4-2)。

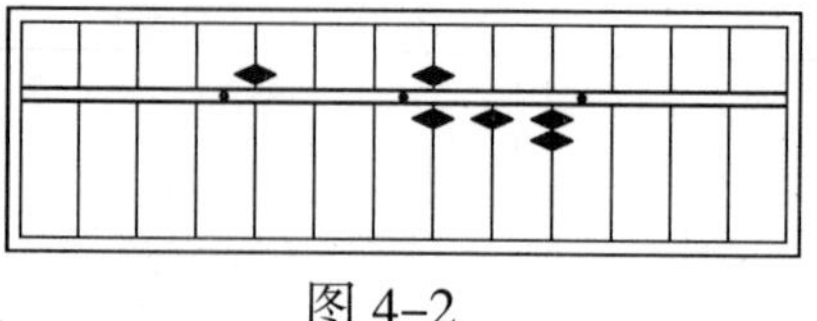

图4-2

(3) 余数 612 为新的被除数,其首位 6 大于除数首位 1,够除隔位商,估得第二位商 3,应拨在算盘正二档上。“一口清”心算出商 3 与除数 18 的乘积 54,从 0 位档开始向右依次减去 54,算盘上余数是 72(如图 4–3)。

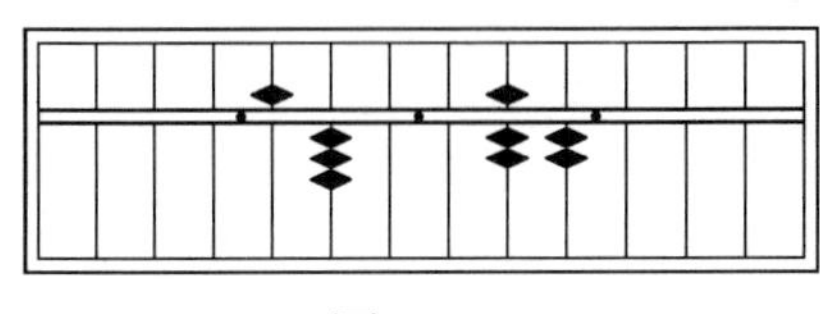

图 4–3

(4) 余数 72 为新的被除数,其首位 7 大于除数首位 1,够除隔位商,估得第三位商 4,应拨在正一档上。“一口清”心算出商 4 与除数 18 相乘的积 72,从负一档开始向右依次减去 72,正好除尽。算盘上的数为 534(如图 4–4)。因正一档定为商的个数,所以本题的商为 534。

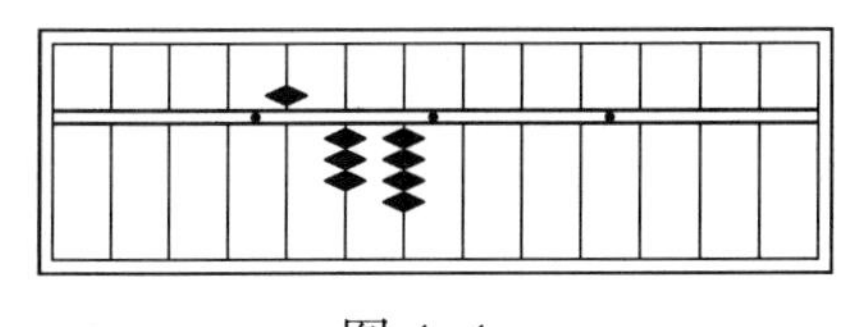

图 4–4

例 2: 6,9 3 0 ÷ 1 5 4

运算过程:(1) 被除数首位拨珠的档次为 4–3–1=0,从算盘 0 位档开始向右依次拨入被除数 6,930(如图 4–5)。

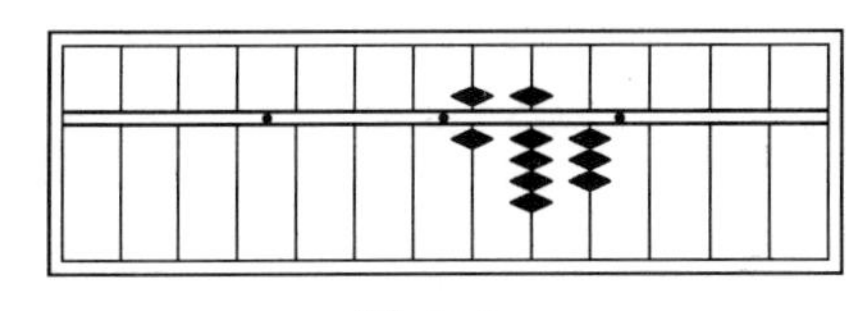

图 4–5

(2) 被除数首位 6 大于除数首位 1,够除隔位商,估得第一位商 4,应拨在正二档上。用“一口清”心算出商 4 与除数 154 的乘积 616,从算盘 0 位档开始向右依次减去 616,算盘上余数是 770(如图 4–6)。

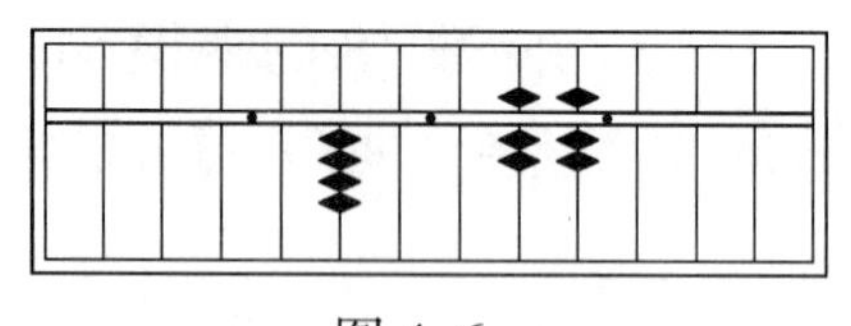

图 4–6

(3) 余数 770 为新的被除数,其首位 7 大于除数首位 1,够除隔位商,估得第二位商 5,应拨在算盘正一档上。“一口清”心算出商 5 与除数 154 的乘积为 770,从算盘负一档开始向右依次减去 770,正好除尽,算盘上的数为 45(如图 4–7)。因正一档定为商的个位,所以本题的结果为 45。

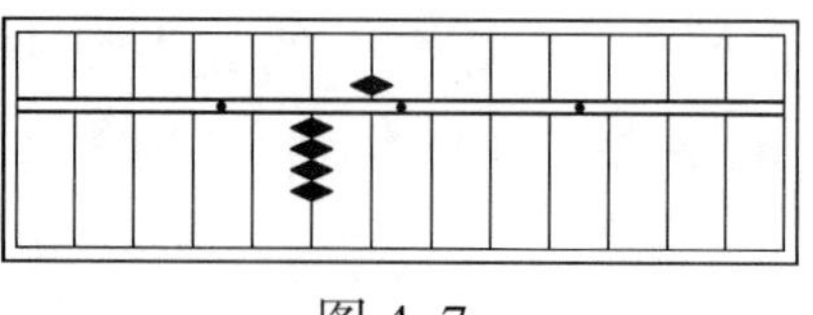

图 4–7

第二节　不够除型多位数珠心算除法

不够除型是指被除数首位小于除数首位。

例 3: 3 5,6 2 0 ÷ 5 4 8

运算过程:(1) 被除数首位拨珠的档次为 5–3–1=1,从算盘正一档开始向右依次拨入被除数 35,620(如图 4–8)。

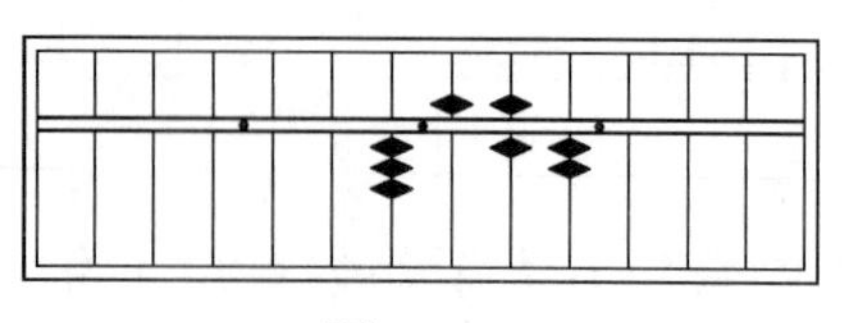

图 4–8

(2) 被除数首位 3 小于除数首位 5,不够除挨位商,估得第一位商 6,应拨在正二档上。“一口清”心算出商 6 与除数 548 的乘积 3,288,从算盘正一档开始向右依次减去 3,288,算盘上余数是 2,740(如图 4-9)。

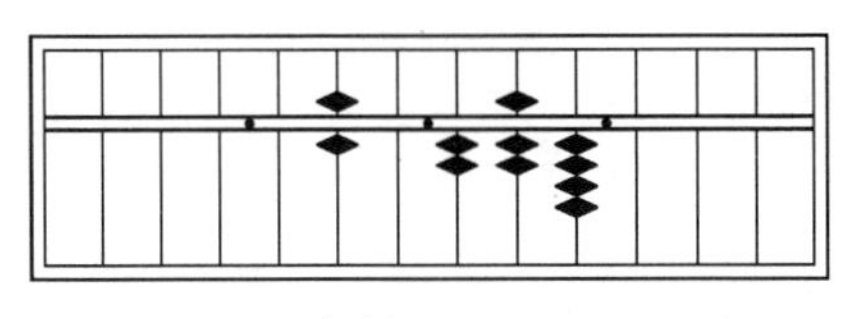

图 4-9

(3) 余数 2,740 为新的被除数,其首位 2 小于除数首位 5,不够除挨位商,估得第二位商 5,应拨在算盘正一档上。“一口清”心算出商 5 与除数 548 的乘积 2,740,从算盘 0 位档开始向右依次减去 2,740,正好除尽,算盘上的数为 65(如图 4-10)。因正一档是商的个位,所以本题结果是 65。

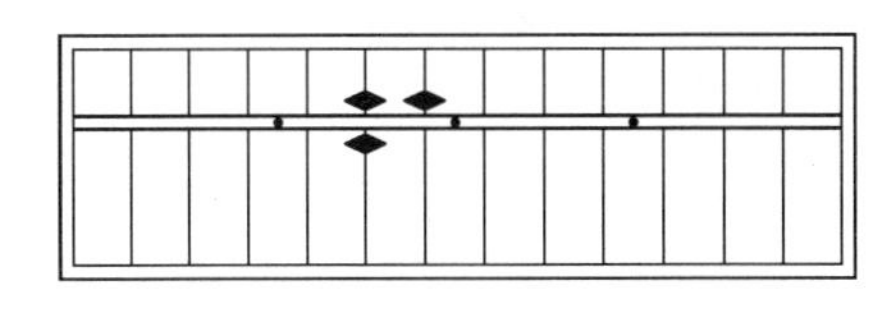

图 4-10

例 4: 23,478 ÷ 86

运算过程:(1) 被除数首位拨珠的档次为 5-2-1=2,从算盘正二档开始向右依次拨入被除数 23,478(如图 4-11)。

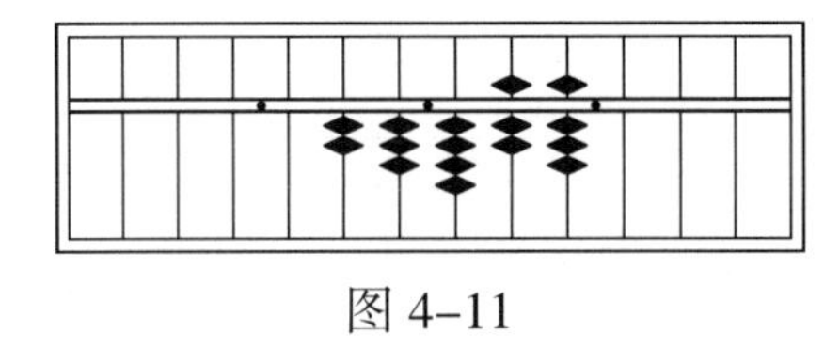

图 4-11

(2) 被除数首位 2 小于除数首位 8,不够除挨位商,估得第一位商 2,应拨在正三档上。“一口清”心算出商 2 与除数 86 的乘积 172, 从算盘正二档开始向右依次减去 172,算盘上余数是 6,278(如图 4–12)。

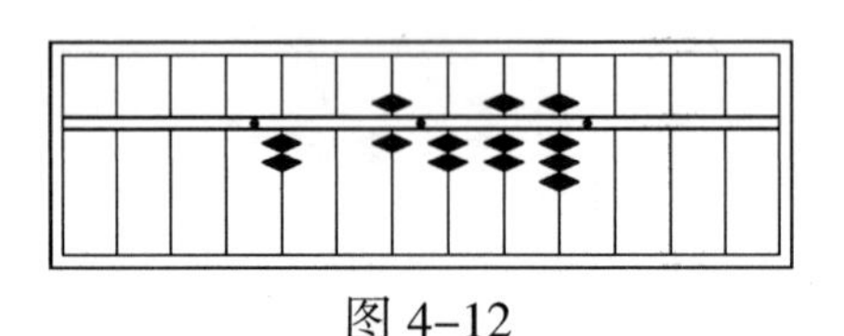

图 4–12

(3) 余数 6,278 为新的被除数,其首位 6 小于除数首位 8,不够除挨位商,估得第二位商 7,应拨在算盘正二档上。“一口清”心算出商 7 与除数 86 的乘积 602,从算盘正一档开始向右依次减去 602,算盘上余数为 258(如图 4–13)。

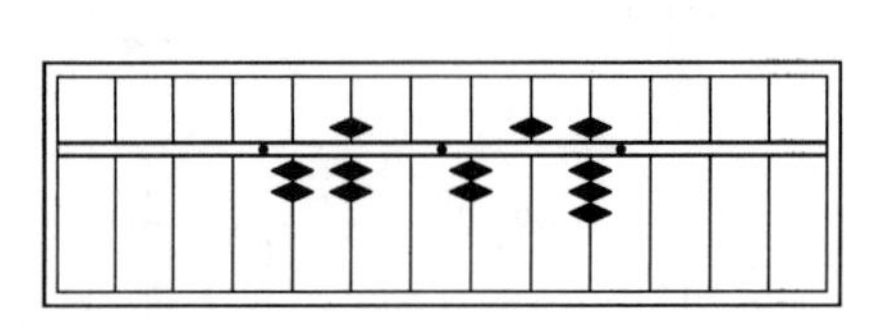

图 4–13

(4) 余数 258 为新的被除数,其首位 2 小于除数首位 8,不够除挨位商,估得第二位商 3,应拨在算盘正一档上。“一口清”心算出商 3 与除数 86 的乘积 258,从算盘 0 位档开始向右依次减去 258,正好除尽,算盘上的数为 273(如图 4–14)。因正一档是商的个位,本题结果是 273。

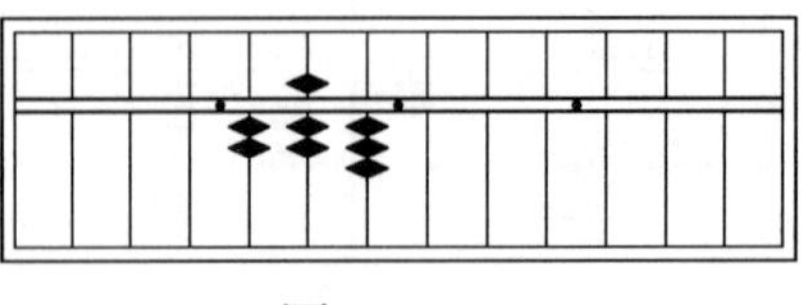

图 4–14

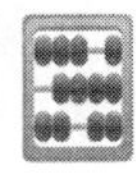

第三节　商中间有零的多位数珠心算除法

例 5: 3,1 5 6,5 0 4 ÷ 7,8 5 2

运算过程:(1) 被除数首位拨珠的档次为 7-4-1=2，从算盘正二档开始向右依次拨入被除数3,156,504（如图 4-15）。

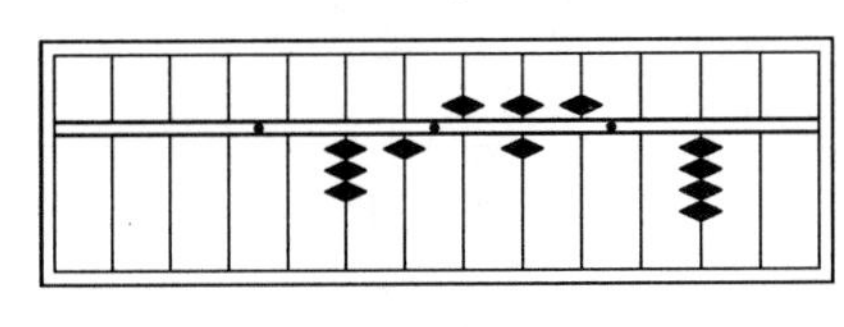

图 4-15

(2) 被除数首位 3 小于除数首位 7,不够除挨位商,估得第一位商 4,应拨在正三档上。"一口清"心算出商 4 与除数 7,852 的乘积是 31,408，从算盘正二档开始向右依次减去 31,408,算盘上余数是 15,704(如图 4-16)。

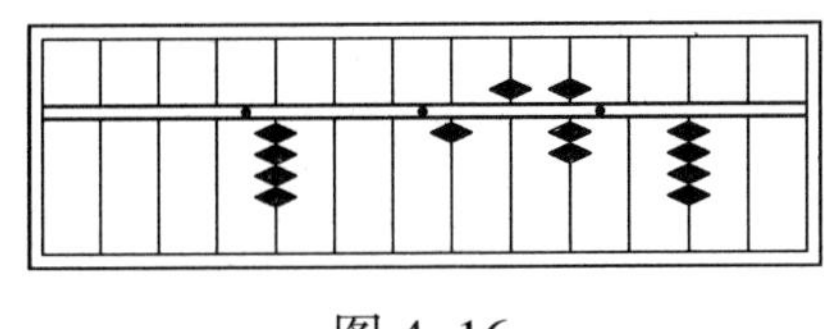

图 4-16

(3) 余数 15,704 为新的被除数,其首位 1 小于除数首位 7,不够除挨位商,估得第三位商 2,应拨在算盘正一档上。"一口清"心算出商 2 与除数 7,852 的乘积 15,704,从算盘 0 位档开始向右依次减去 15,704,正好除尽,算盘上数为 402(如图 4-17)。因正一档是商的个位,所以本题结果为402。

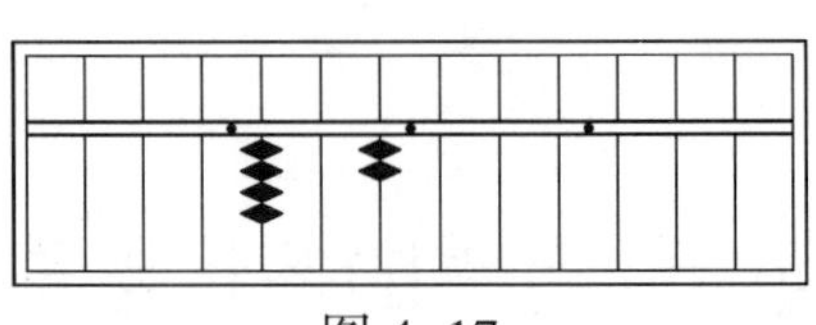

图 4–17

例 6：2,0 6 3,7 4 4 ÷ 7 3 6

运算过程：(1) 被除数首位拨珠的档次为 7–3–1=3，从算盘正三档开始向右依次拨入被除数 2,063,744(如图 4–18)。

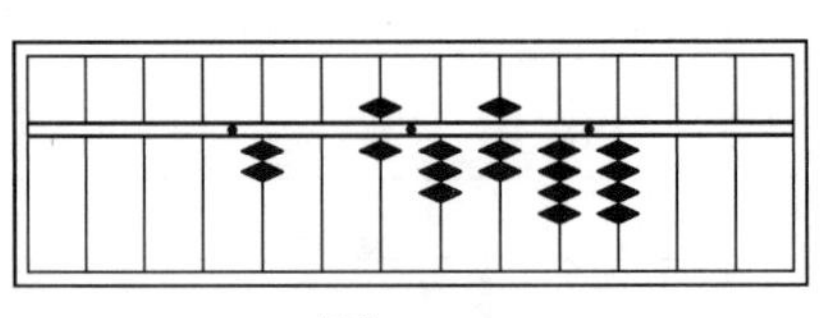

图 4–18

(2) 被除数首位 2 小于除数首位 7，不够除挨位商，估得第一位商 2，应拨在正四档上。“一口清”心算出商 2 与除数 736 的乘积为 1,472，从算盘正三档开始向右依次减去 1,472，这时算盘上余数为 591,744(如图 4–19)。

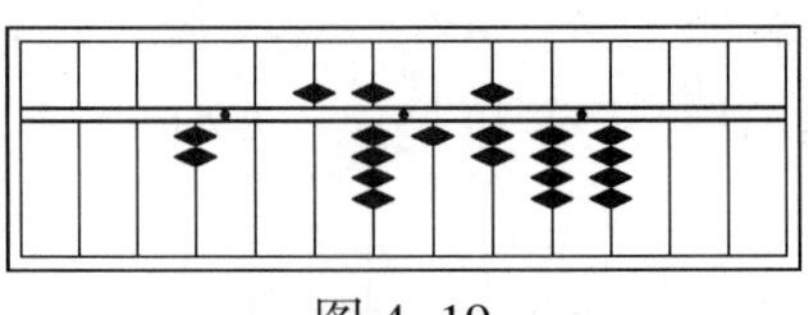

图 4–19

(3) 余数 591,744 为新的被除数，其首位 5 小于除数首位 7，不够除挨位商，估得第二位商 8，应拨在算盘正三档上。“一口清”心算出商 8 与除数 736 的乘积 5,888，从算盘正二档开始向右依次减去 5,888，算盘上的余数为 2,944(如图 4–20)。

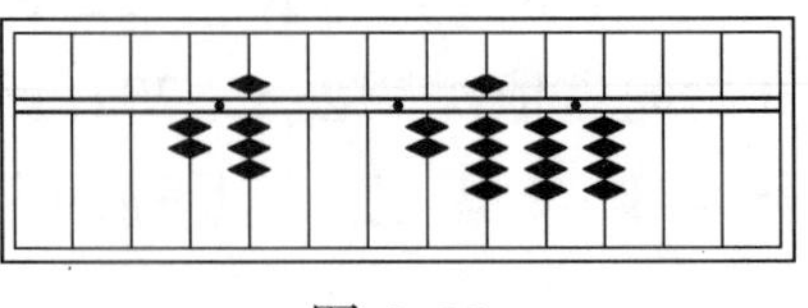

图 4–20

(4) 余数 2,944 为新的被除数，其首位 2 小于除数首位 7，不够除挨位商，估得第四位商 4，应拨在正一档上。"一口清"心算出商 4 与除数 736 的乘积 2,944，从算盘 0 位档开始向右依次减去 2,944，正好除尽，算盘上的数是 2,804(如图 4–21)。因正一档是商的个位，所以本题结果是 2,804。

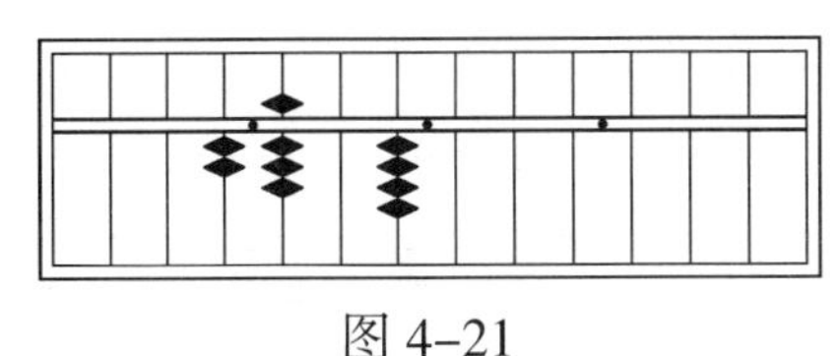

图 4–21

练　　习

用珠心算除法计算下列各题。

5,440 ÷ 64	27,086 ÷ 58	2,656,638 ÷ 3,174
3,772 ÷ 92	50,547 ÷ 83	5,769,335 ÷ 715
5,766 ÷ 93	64,844 ÷ 754	524,586 ÷ 834
6,479 ÷ 31	27,630 ÷ 921	364,560 ÷ 735
7,080 ÷ 15	16,371 ÷ 963	132,066 ÷ 638
7,493 ÷ 127	48,762 ÷ 903	4,384,800 ÷ 725
630 ÷ 63	26,312 ÷ 253	514,298 ÷ 3,754

第四节　多位数心算除法

多位数心算除法的方法与多位数珠心算除法的方法基本相同。为了提高计算速度，商数的首位与除数相乘("一口清")的乘积，可以从被除数中直接用心算相减，将余数的前几位拨在脑算盘上（拨的位数由除数的位数而定，只要够除就行）。然后继续用上面的方法求出次商和末商。

例1：6 8 4 ÷ 3 6

心算过程：(1) 估得首位商1，应拨在脑算盘的正二档上。用"一口清"心算商1与除数36的乘积36。用心算从被除数中高位起减去36，余数为324。从脑算盘0位档起向右依次拨入324(如图4–22)。

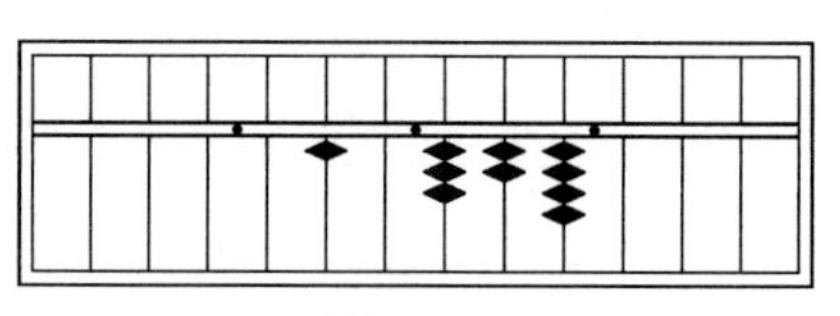

图4–22

(2) 余数324为新的被除数，估得第二位商9，应拨在正一档上。"一口清"心算商9与除数36的乘积324。用心算从脑算盘0位档开始依次拨去324，正好除尽。这时脑算盘上是19(如图4–23)。本题结果是19。

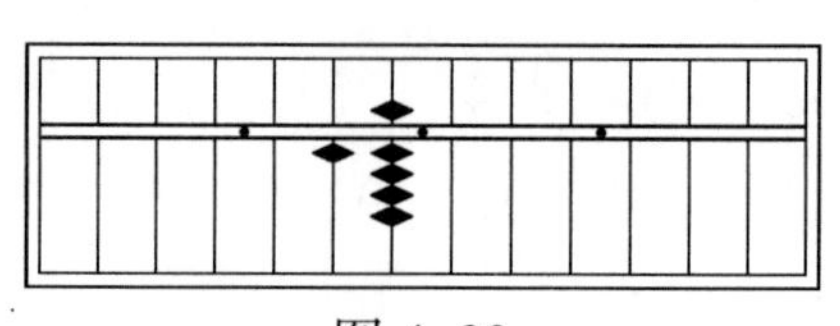

图4–23

例2：1 7,8 9 2 ÷ 6 3 9

心算过程：(1) 估得首位商2，应拨在脑算盘的正二档上。用"一口清"心算商2与除数639的乘积为1,278。用心算从被除数高位起减去1,278，余数是5,112。从脑算盘0位档开始向右依次拨入5,112(如图4–24)。

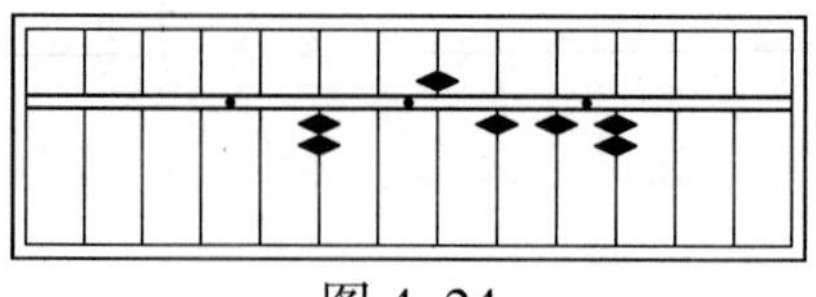

图4–24

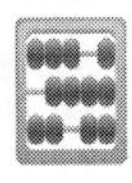

(2) 余数 5,112 为新的被除数,估得第二位商 8,拨在脑算盘正一档上。“一口清”心算商 8 与除数 639 的乘积5,112,从脑算盘 0 位档开始向右依次拨去 5,112,正好除尽(如图 4–25)。本题结果是 28。

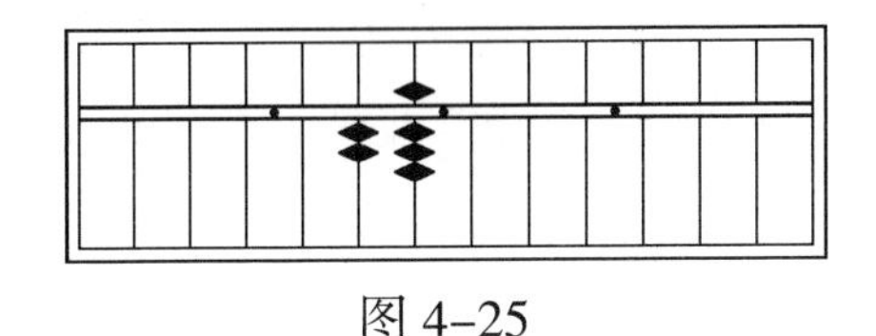

图 4–25

例 3：35,136 ÷ 64

心算过程:(1) 估得首位商 5，应拨在脑算盘正三档上。“一口清”心算商 5 与除数 64 的乘积为 320,从被除数最高位开始依次减去 320,余数是 31,因 31 小于 64,将被除数第四位 3 落下。313 为新的被除数,从脑算盘正一档开始向右依次拨入 313(如图 4–26)。

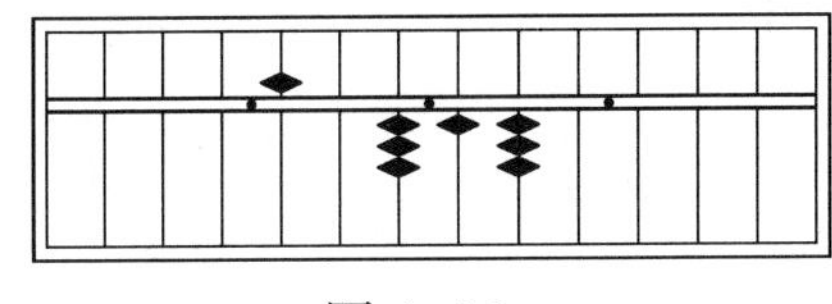

图 4–26

(2) 估得第二位商 4,应拨在脑算盘正二档上。“一口清”心算商 4 与除数 64 的乘积为 256,从脑算盘正一档开始向右依次减去 256,余数是 57。把被除数第五位 6 落下,576 为新的被除数，从脑算盘 0 位档开始向右依次拨入 576(如图 4–27)。

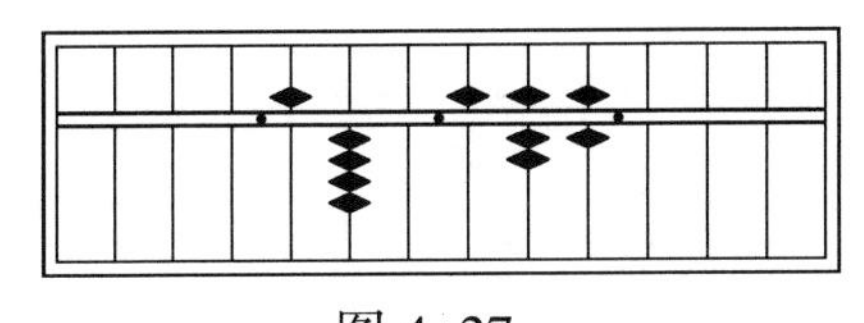

图 4–27

(3) 估得第三位商 9,应拨在脑算盘正一档上。“一口清”心算商 4 与除数 64 的乘积 576,从脑算盘 0 位档开始向右依次拨去 576,正好除尽。脑算盘上数为 549(如图 4–28)。本题结果是 549。

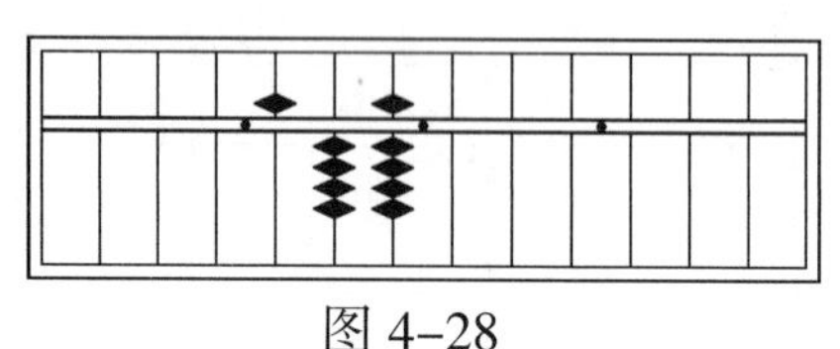

图 4–28

例 4: 4,8 7 9,7 2 8 ÷ 9,6 8 2

心算过程:(1) 估得首位商 5,应拨在正三档上。“一口清”心算出商 5 与除数 9,682 的乘积为 48,410,从被除数最高位起依次减去 48,410,余数是 387。不够除,把被除数第六位 2 落下,3,872 还是不够 9,682 除(商第二位补 0),再把被除数第七位 8 落下,38,728 为新的被除数。从脑算盘 0 位档开始向右依次拨入 38,728(如图 4–29)。

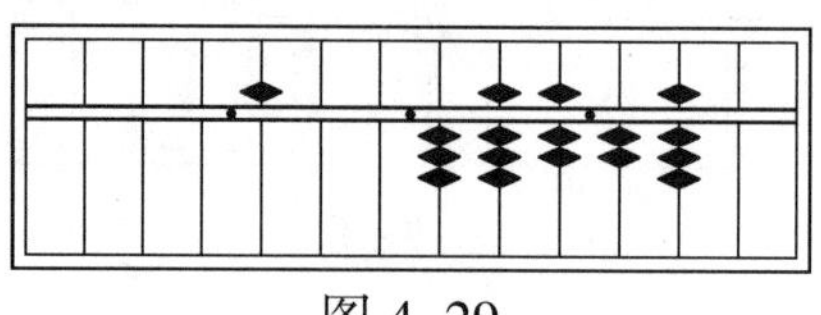

图 4–29

(2) 估得商的第三位是 4,应拨在脑算盘正一档上。“一口清”心算商 4 与除数 9,682 的乘积是 38,728。从脑算盘 0 位档开始向右依次减去 38,728,正好除尽,脑算盘上的数是 504(如图 4–30)。本题结果是 504。

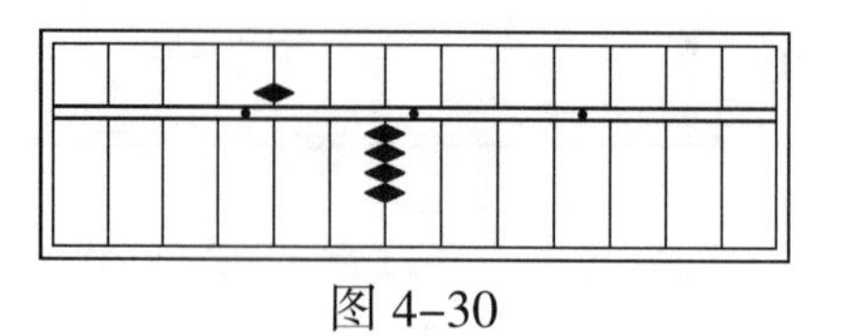

图 4–30

练　　习

用心算除法计算下列各题

3,392 ÷ 53	54,060 ÷ 795	53,534 ÷ 923
2,652 ÷ 68	24,752 ÷ 52	33,390 ÷ 795
6,450 ÷ 75	48,685 ÷ 65	27,885 ÷ 429
1,856 ÷ 58	17,347 ÷ 83	28,046 ÷ 758
570 ÷ 15	31,584 ÷ 84	196,834 ÷ 389
816 ÷ 48	26,784 ÷ 837	304,194 ÷ 726
139,308 ÷ 156	510,544 ÷ 3,754	3,516,948 ÷ 7,596
956,373 ÷ 4,367	6,342,541÷9,803	2,120,449 ÷ 6,907

第五节　小数除法

小数除法与整数除法的方法完全相同,所不同的是小数除法一般要求保留两位小数,第三位小数采取“四舍五入”的办法取近似值。下面举例说明。

例 1: 3 4.1 6 8 4 ÷ 6 2.9

运算过程: (1) 被除数首位拨珠档次为 2-2-1=-1,从负一档开始向右依次把被除数 341,684 拨入算盘(如图 4-31)。

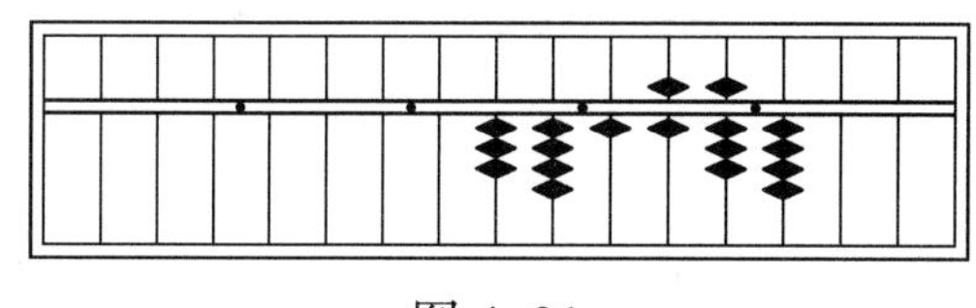

图 4-31

(2) 被除数首位 3 小于除数 6,不够除挨位商,估得首商 5,应拨在算盘 0 位档上。“一口清”心算出 5 与除数 629 的乘积为 3,145。从负一档开始向右依次减去 3,145,算盘上余数为 27,184(如图 4–32)。

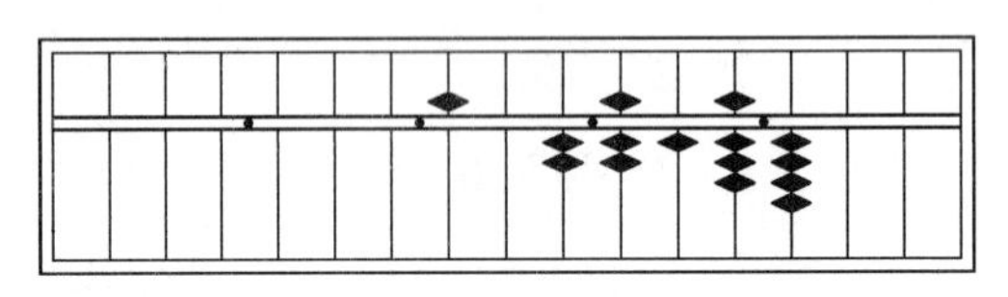

图 4–32

(3) 余数 27,184 为新的被除数,其首位 2 小于除数首位 6,不够除挨位商,估得第二商 4,应拨在算盘负一档上。“一口清”心算商 4 与除数 629 的乘积为 2,516,从算盘负二档开始向右依次减去 2,516, 算盘上余数为 2,024(如图 4–33)。

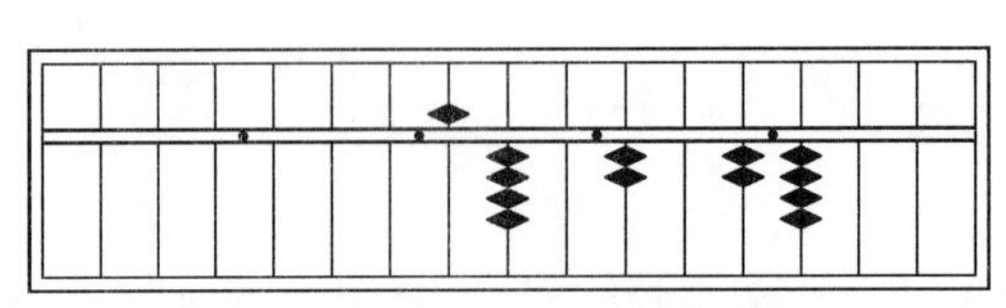

图 4–33

(4) 2,024 为新的被除数,估得负二档上的商 3 小于 5 应舍去。因正一档为商的个位,所以本题的结果为 0.54(如图 4–34)。

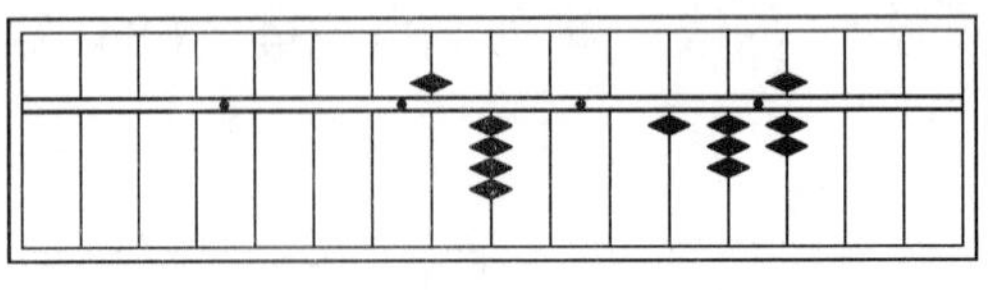

图 4–34

例 2: 2 6.1 1 6 8 4 ÷ 8.4 9

运算过程:(1) 被除数首位拨珠档次为 2–1–1=0,从算

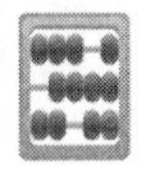

盘0位档开始向右依次把被除数2,611,684拨入算盘(如图4–35)。

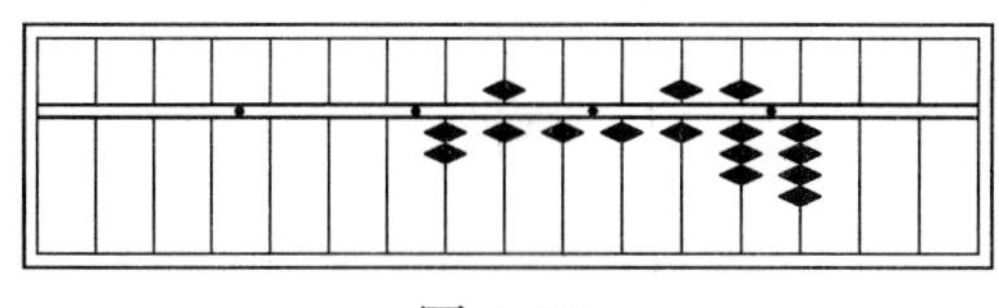

图 4–35

(2) 被除数首位2小于除数首位8,不够除挨位商,估得首位商3,应拨在算盘正一档上。“一口清”心算商3与除数849的乘积为2,547。从算盘0位档开始向右依次拨去2,547,算盘上余数是64,684(如图4–36)。

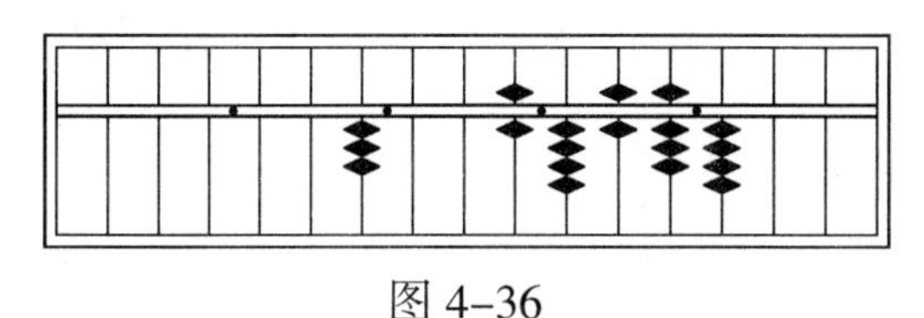

图 4–36

(3) 余数64,684为新的被除数,其首位6小于除数首位8,不够除挨位商,估得商7应拨在算盘负一档上。“一口清”心算商7与除数849的乘积为5,943,从算盘负二档开始向右依次减去5,943,算盘上余数是5,254(如图4–37)。

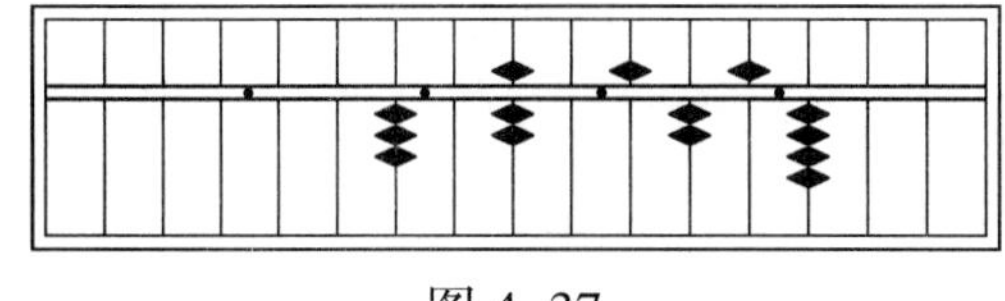

图 4–37

(4) 余数5,254为新的被除数,其首位5小于除数首位8,不够除挨位商,估得负二档的商6大于5,向百分位进1(如图4–38)。因正一档为商的个位档,保留两位小数,所以本题结果为3.08。

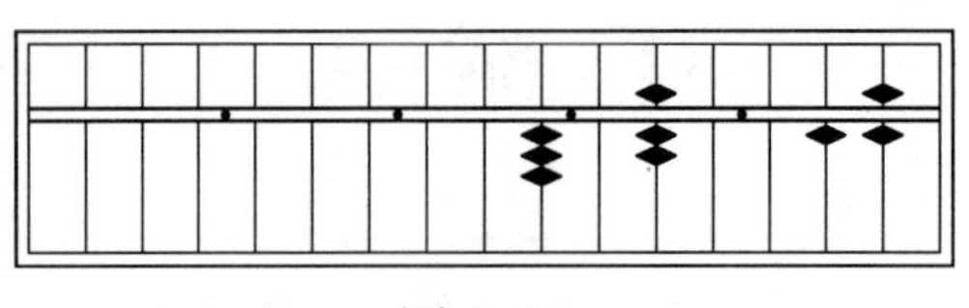

图 4–38

练　　习

用心算除法计算下列各题(商保留两位小数)。

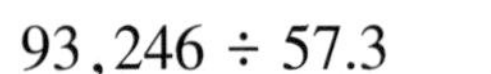

93,246 ÷ 57.3	23,684 ÷ 34.8	0.6895 ÷ 4.36
934.58 ÷ 3,494	857.54 ÷ 97.8	56.346 ÷ 24.13
46.789 ÷ 9.45	8.3456 ÷ 23.68	7.3465 ÷ 4.831

第六节　正负数商除法

一、正负数商除法的意义

正负数商除法置数档次、立商档次、定位公式、运算程序与商除法完全相同,因此说,商除法是正负数商除法的基础,正负数商除法是商除法的升华与发展。确切地说,正负数商除法是在商除法的基础上,把珠心算“单积一口清”、心算除法、数学中的“有理数原理”、珠算的“过大商”等科技知识融为一体的速算方法。

二、正负数商除法的特点——二元示数

我们把算盘中靠梁珠作为正数,靠框珠作为负数,简单地说:

梁珠为正　框珠为负

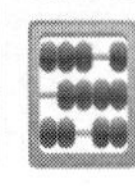

把框珠个位加1,使得框珠所表示的负数相反数与梁珠所表示的正数“互为补数”。

被除数的余数用二元示数,商数用梁珠表示,以保持盘式图清晰简明。

三、立商与减积

立商在盘式图上方相应档次用符号“ ▼ ”表示。立商后,要从被除数中减去商数与除数的乘积,简称“减积”。

立正商减正积;立负商减负积。

由数学原理“负负得正”,所以,减负积实际上是加积。换句话说:

立正商减积　立负商加积

由此可见,加积或减积都是除数的倍数。

商偏小或正好,减积后余数为正,看梁珠;商偏大,减积后余数为负,看框珠。

四、借商与还商

借商在盘式图下方相应档次用符号“ ▲ ”表示。立商时,商偏大,不够减,从商数中借1,得负余数,看框珠。再立负商,加积还1。但要注意:

从哪借　在哪还

借多少　还多少

数学原理:商偏大,不够减,需借商,减后得负余数,再立负商加积还借商。

被除数加积后除以除数等于偏大的商

如：　2,067 ÷ 53

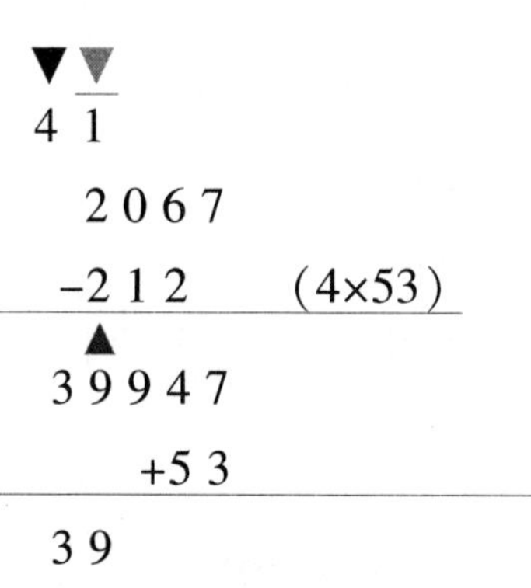

即 (2,067+53) ÷ 53 = 40

可见，2,067 ÷ 53 = 39。

答数是正确的。

五、运算技巧

（1）立商 $\overline{n}$（即 $-n$，把负号写在头上，不占前档位置），需要从商数中减 n，再加积还 1，因为 $-n+1=-(n-1)$，所以只要从商数中少减 1 即可。

如立商 $\overline{3}$，加积还 1，$\overline{3}+1=\overline{2}$，即在相应档次减 2 即可。

（2）因为多位数分别乘 1、2、5、9 容易“一口清”，所以，立正商或负商多用 1、2、5、9。

（3）商偏大，非真商，应退商。但正负数商除法不是直接退商，而是以“借”代“退”，科学合理，构思巧妙。

六、操作程序

例 1：　4,042 ÷ 86　（4 位数 ÷ 2 位数）

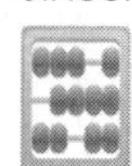

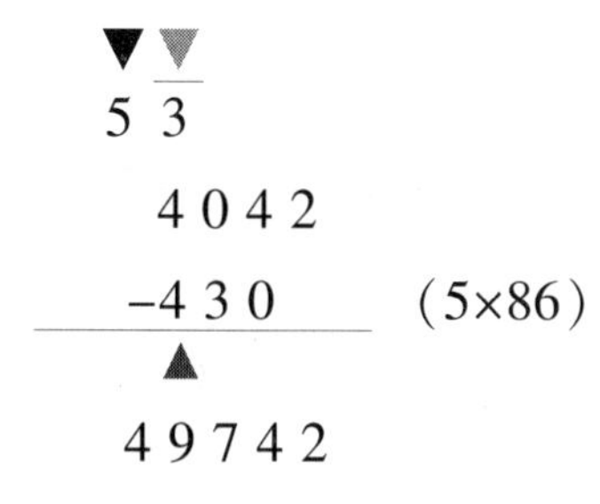

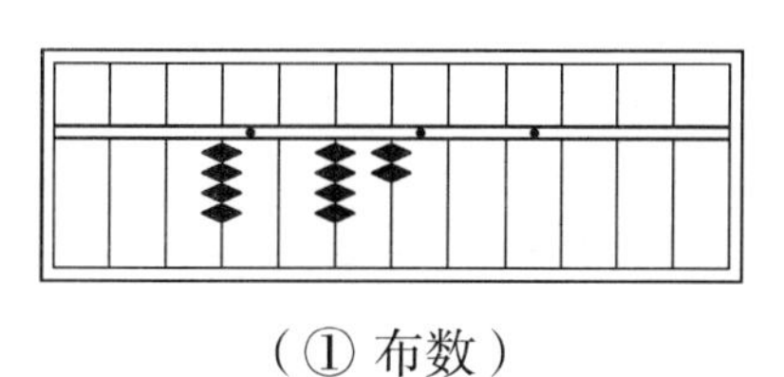

（① 布数）

+258　（3×86）

47

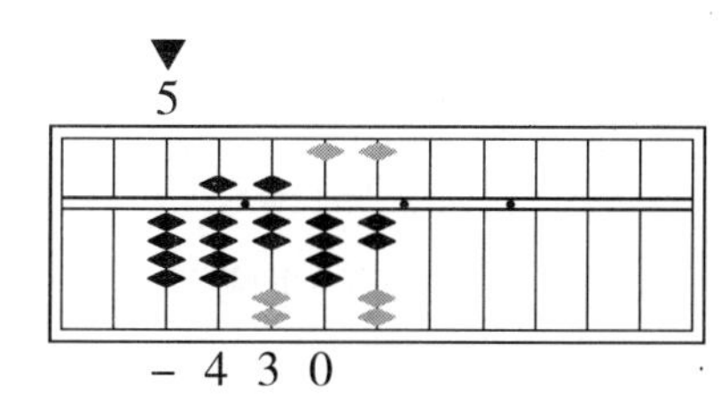

以40 ÷ 8 = 5，试商得首商 5。

减 5 × 86=430。

（② 首商 5，减 5 × 86=430）

商偏大，不够减，借商1，得负余数，看框珠。

二商 $\bar{3}$。

加 3 × 86=258。

还 1，从 49 中减 2 得商数 47。

答数是正确的。

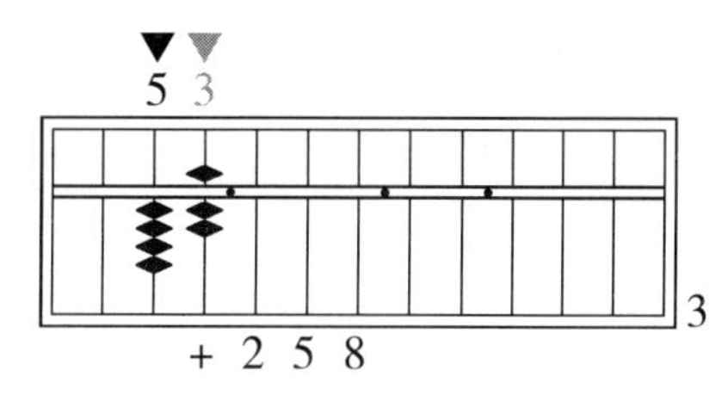

（③ 二商 $\bar{3}$，加 3 × 86=258）

例 2： 202,078 ÷ 529　（6 位数 ÷ 3 位数）

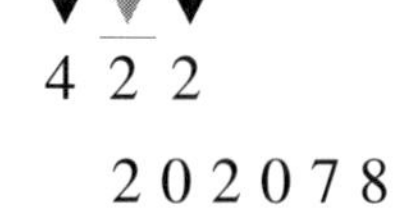

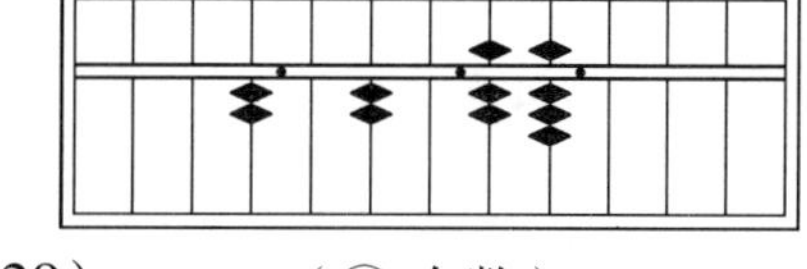

（① 布数）

－2116　（4×529）

3990478

+1058　（2×529）

38□1058

382

以20 ÷ 5 = 4，试商得首商 4。

减 4 × 529=2,116。

不够减，借商 1，得负余数。

二商 $\bar{2}$。

加 2 × 529=1,058。

还商 1，前档减 1，商数 38，

得正余数

三商 2。

商数：382

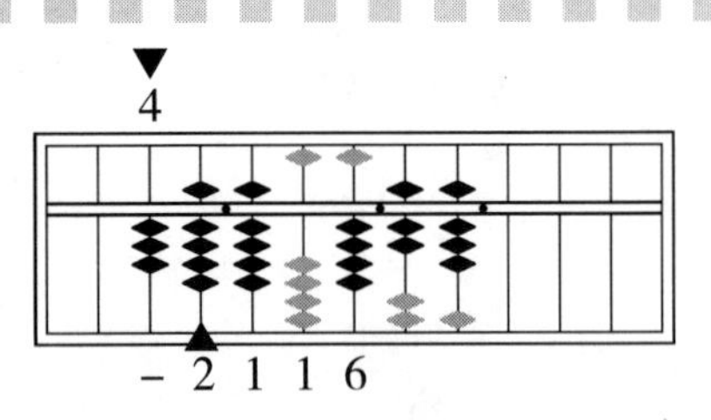

（② 首商 4，减 4 × 529=2,116）

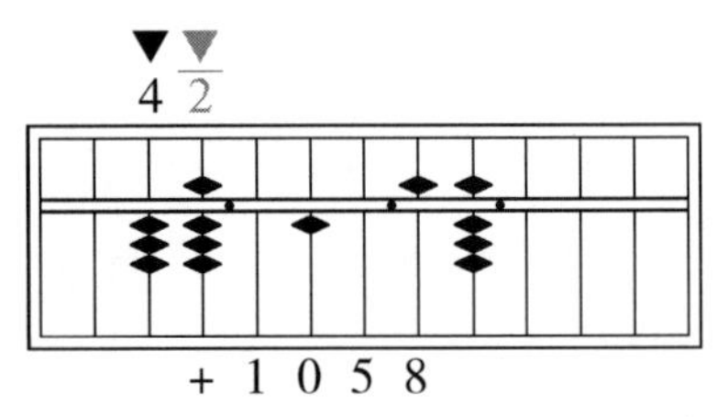

（③ 二商 $\bar{2}$，加 2 × 529=1,058）

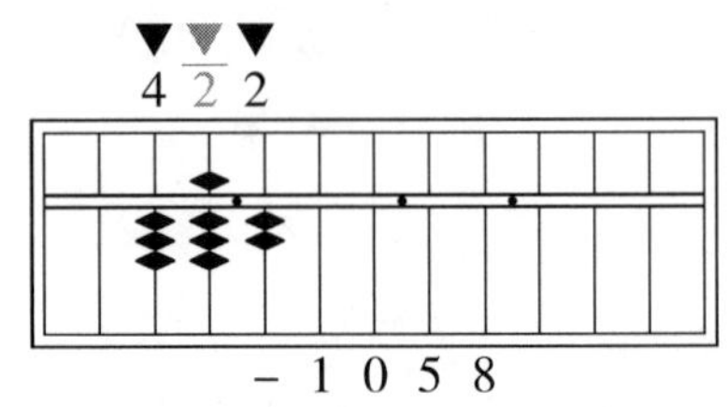

（④ 三商 2，减 2 × 529=1,058）

例 3： 42,397,234 ÷ 7,286 （8 位数 ÷ 4 位数）

6 $\bar{2}$ 2 $\bar{1}$

  4 2 3 9 7 2 3 4

− 4 3 7 1 6 （6×7,286）

5 9 8 6 8 1 2 3 4

+ 1 4 5 7 2 （2×7,286）

5 8 □ 1 3 8 4 3 4

− 1 4 5 7 2 （2×7,286）

5 8 1 9 9 2 7 1 4

+ 7 2 8 6

5 8 1 9

（① 布数）

以$42 \div 7 = 6$，试商得首商6。

减$6 \times 7286=43,716$。

不够减，借商1，得负余数。

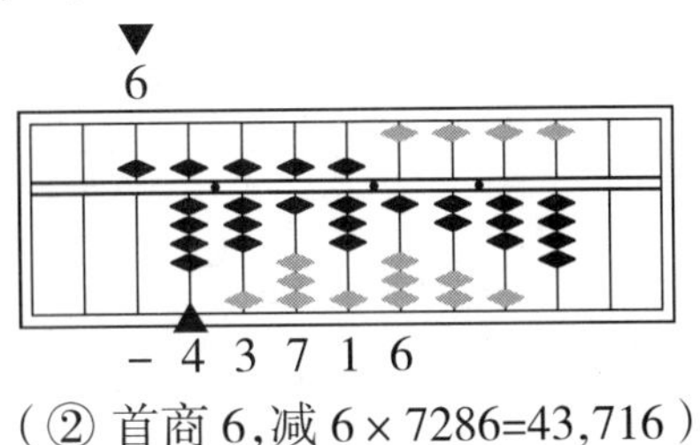

（② 首商6，减$6 \times 7286=43,716$）

二商$\overline{2}$。

加$2 \times 7,286=14,572$。

还商1，得负余数。

6 $\overline{2}$

＋ 1 4 5 7 2

（③ 二商$\overline{2}$，加$2 \times 7286=14,572$）

三商2。

减$2 \times 7,286=14,572$。

不够减，借商1，得负余数。

6 $\overline{2}$ 2

－ 1 4 5 7 2

（④ 三商2，减$2 \times 7286=14,572$）

四商$\overline{1}$。

加7,286，还商1。

商数：5,819。

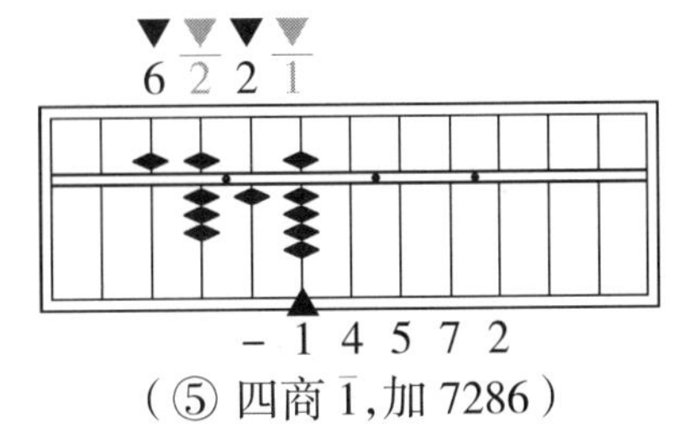

（⑤ 四商$\overline{1}$，加7286）

例4： 3,718,704,912 ÷ 74,386　（10位数 ÷ 5位数）

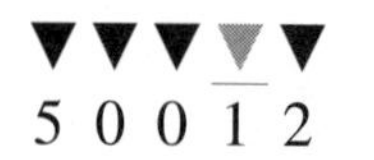

　　3 7 1 8 7 0 4 9 1 2
$-$ 3 7 1 9 3 0　(5×74,386)

4 9 9 9 9 4 0 4 9 1 2
　　　　+ 7 4 3 8 6

4 9 9 □ 1 4 8 7 7 2
4 9 9 9 2

（① 布数）

以5 × 74 = 370，试商得首商 5。

减 5 × 74,386=371,930。

不够减，借商 1（注意借商档次），得负余数。

二商、三商以 0 补位。

四商 $\bar{1}$。

加 74,386，还商 1，借商档次不动，前四位商 4,999。

商五 2。

商数：49,992。

本题特点：

(1)连高商，一次运算能得几位商；

(2)二商、三商连续两档以 0 补位。

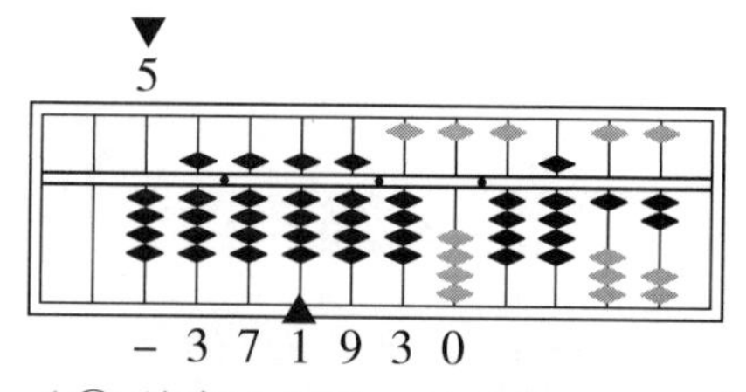

（② 首商 5，减5 × 74386=371,930）

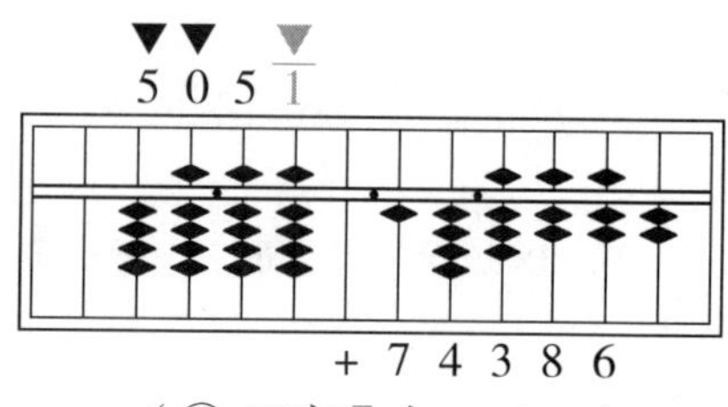

（③ 四商 $\bar{1}$，加 74,386）

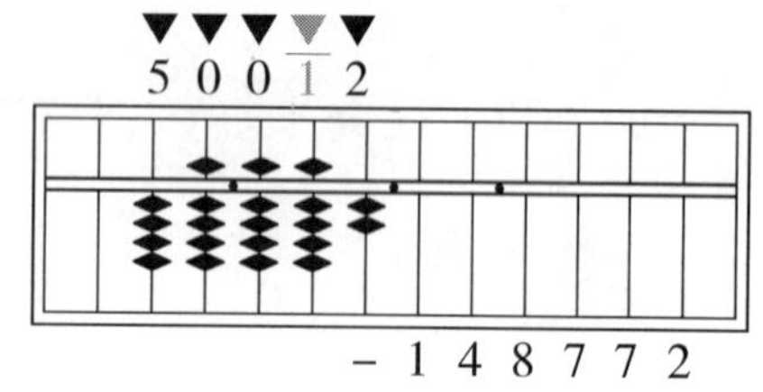

（④ 五商 2，减 2 × 74，386=148,772）

这样能大量减少拨珠次数，简化思维程序，操作十分简捷。

教师和家长留言
JIAOSHI HE JIAZHANG LIUYAN

例 5： 3.6092 ÷ 0.74 （保留两位小数）

先定位，后计算，心中有数，省时省力。

因为 3<7，所以用除法定位公式(1)。

$m=1, n=0$。

$m-n=1-0=1$，即答数是 1 位整数，答数模式：□.□□□。

运算时不看小数点，商只需要 3 位有效数字，第 4 位四舍五入。

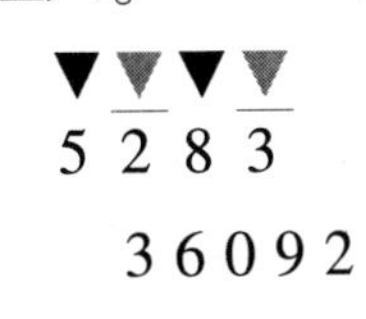

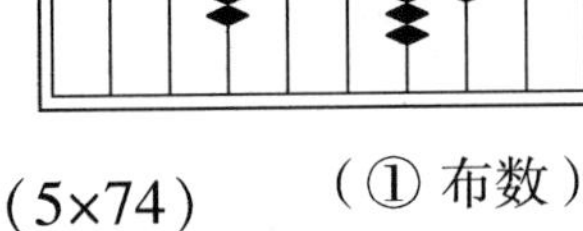

（① 布数）

- 370 （5×74）

499092

+148 （2×74）

48□572

-592 （8×74）

487980

+222 （3×74）

4877022

首商 5。

减 5×74=370。不够减，借商 1，得负余数。

二商 $\bar{2}$。

加 2×74=148。还商 1，前档减 1，得正余数。

三商 8。

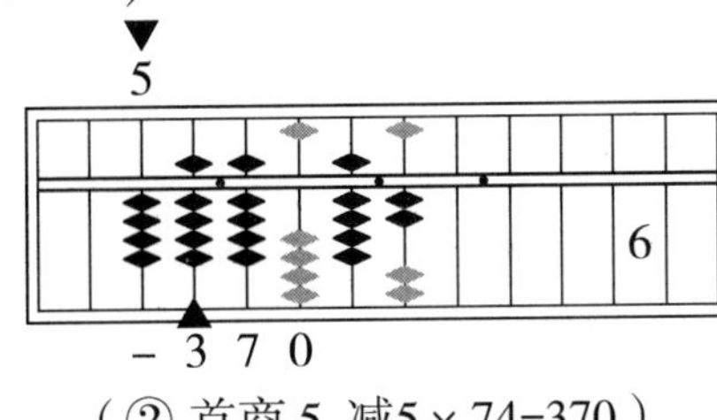

（② 首商 5，减5×74=370）

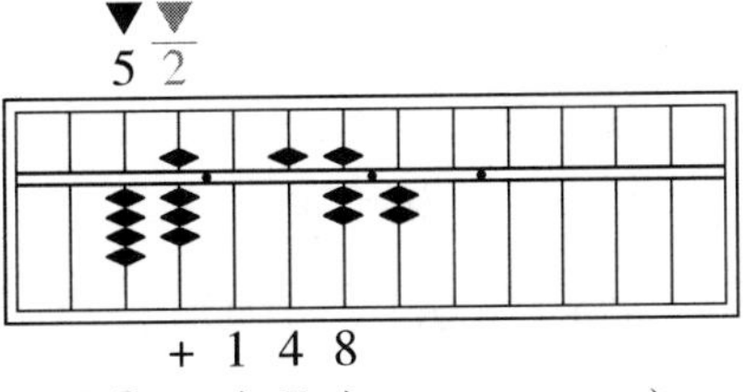

（③ 二商 $\bar{2}$，加 2×74=148）

减 8× 74=592。不够减,借商 1,得负余数。

四商 $\bar{3}$。

加 3× 74=222。商数前四位为 4877。

商数:4.88。

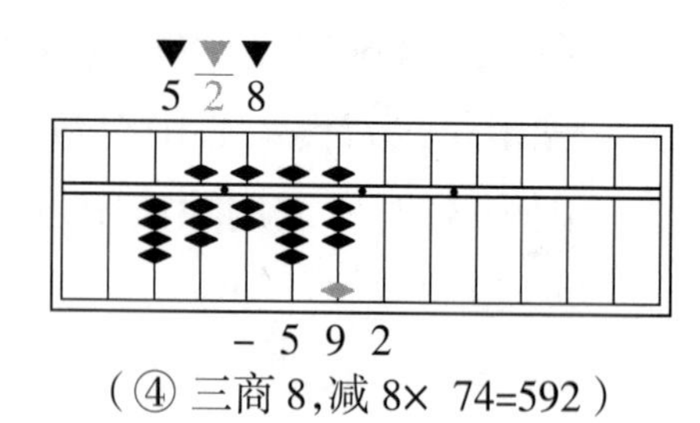

(④ 三商 8,减 8× 74=592)

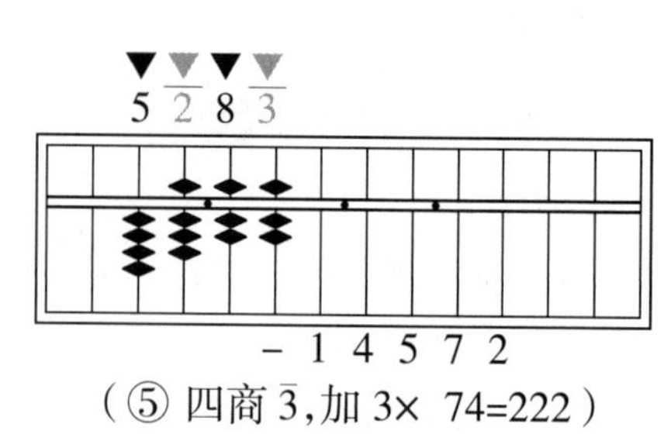

(⑤ 四商 $\bar{3}$,加 3× 74=222)

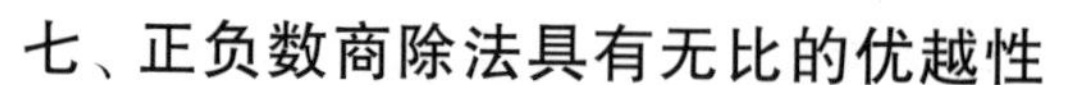

七、正负数商除法具有无比的优越性

(1)试商一次准。商偏大或偏小都有方法处理,容易做到“试商一次准”,试商难的问题可得以彻底解决。

(2)充分应用珠算“过大商”原理。商偏大,有时是好事,不是坏事。只有商偏大,才能出现“连高商”,一次运算能得几位商,省时省力,心情舒畅。

(3)珠心算与数学接轨。①二元示数:梁珠为正,框珠为负。正余数立正商,减积;负余数立负商,加积。充分应用数学有理数原理,使商除法运算左右逢源,得心应手。②应用数学“竖式除”模式,构建脑像图进行心算,对位拨珠,逐位清头。

(4)充分应用珠心算单积“一口清”。珠心算乘除算,加减是基础,单积“一口清”是关键。正负数商除法,立正商减积,立负商加积都要用单积“一口清”,从而保证乘除运算的高速度。

(5)除法的优选与整合。正负数商除法是各种除法

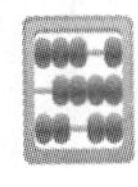

的优选与整合，是珠坛精英智慧的融合和科技成果的结晶。体现了古代、近代和现代的思维方式，展示珠算科技发展的历程。其启智功能、教育功能和计算功能都得到了充分的发挥，具有无比的优越性。

（6）正负数商除法具有普遍性。例题有邻位商与隔位商、有整数除与小数除，涵盖了普通级与能手级。正负数商除法对于不同的类型、不同的层次、不同的对象普遍适用。

第七节　多位数心算除法综合训练

多位数心算除法的训练方法和其他心算方法一样，也是从易到难。练习时先从除数两位、商两位开始，再到除数三位、商两位，……，逐渐增加除数和商的位数。

练　　习

(1)	1,525÷61	4,992÷52	1,036÷37
	1,702÷74	3,264÷96	910÷26
	4,891÷73	8,455÷95	2,976÷32
(2)	95,545÷97	7,956÷52	21,672÷258
	35,868÷84	8,346÷13	32,964÷492
	43,268÷746	52,605÷835	26,912÷928
	26,784÷864		

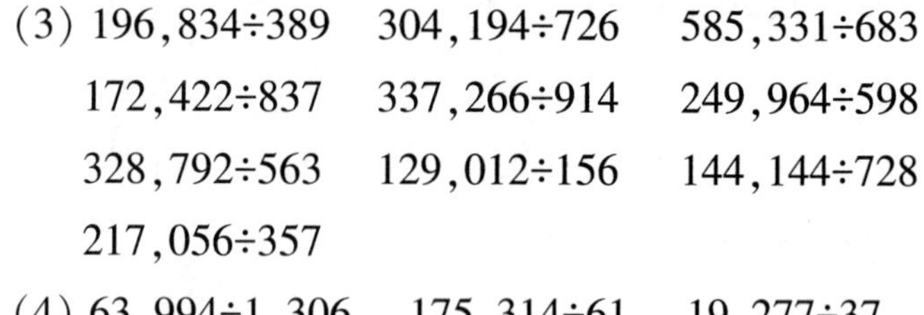

(3) 196,834÷389　304,194÷726　585,331÷683

172,422÷837　337,266÷914　249,964÷598

328,792÷563　129,012÷156　144,144÷728

217,056÷357

(4) 63,994÷1,306　175,314÷61　19,277÷37

229,968÷3,194　395,712÷54　38,702÷1,046

375,347÷43　476,034÷6,103　139,496÷2,491

395,712÷54

(5) 937,296÷2,547　5,875,400÷725

827,526÷798　3,493,503÷481

1,497,270÷8,605　7,809,936÷816

1,006,926÷3,918　6,405,510÷7,165

3,747,498÷6,439　764,712÷3,096

智力测试

韩信点兵

秦朝末年,楚汉相争。刘邦手下的大将韩信挑选不足百人的精兵去袭击项羽的军队。韩信想把这些精兵分成若干个突击队进行四面突击,可是,他怎么也分不好,因为每4人1队多3人,每5人1队多4人,每6人1队多5人。

问韩信手下的这支精兵部队共有多少人?

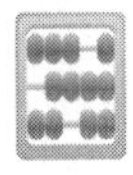

植树多少棵?

某单位在马路一旁植树,每隔 2 米植 1 棵,共植了 25 棵。栽好以后,发现树太密,改为每隔 3 米植 1 棵,问:

(1) 需要拔起多少棵?

(2) 需要重栽多少棵?

(3) 调整后,路旁有树多少棵?

谁是“新人王”

中国围棋“新人王”赛在合肥举行。参赛选手共 16 人。

第一阶段采用“淘汰制”,即把 16 人分成两组,每组 8 人,两两对弈,胜者进入下一轮比赛,败者失去继续比赛资格,每组赛出第一名。

第二阶段采用“三局两胜制”,即两个小组第一名参加决赛,最多下三盘棋,胜两局者获得“新人王”称号。

问这次比赛最多下多少盘棋?

神奇的奥运幻方游戏

幻方是融科学性、实用性和趣味性于一体的数学课题，它是利用数的性质精心编制而成。幻方中的数各就各位，相互依存。根据难度不同，幻方可分为 3 阶、4 阶、5 阶、……，其形式繁花似锦，其性质赏心悦目。

幻方中存在大量心算，体现了珠心算与数学的完美结合，因此幻方可供珠心算练习之用，是珠心算教学最理想的教学方法之一。

下列六组幻方，均以 2008 年 8 月 8 日在北京召开的第 29 届世界奥林匹克运动会为主题，小朋友们不妨按照要求，试试幻方，保证感觉奥妙无穷。

4 阶完全幻方

◎每行、每列 4 个数之和都等于 20080808；

◎每条对角线(包括折线对角线)4 个数之和都等于 20080808；

◎所有 2×2(田字格)正方形中，4 个数之和都是 20080808；

◎所有 2×4 正方形中，每组角上 4 个数之和都等于 20080808；

◎所有双象飞田，3×3 正方形“”，角上 4 个数之和都等于 20080808；

◎所有 2 组单象飞田，“”或“”形状，4 个数之和都等于 20080808；

◎4×4 正方形，角上 4 个数之和等于 20080808；

●有规律的 4 个数之和等于 20080808 有 52 组；

●此图可调至出很多组 4 阶完全幻方。

200808	9679596	440808	9759596
760808	9439596	520808	9359596
9599596	280808	9839596	360808
9519596	680808	9279596	600808

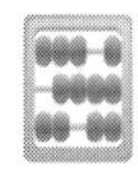

5阶完全幻方

◎每行、每列5个数之和都等于20080800；

◎每条对角线(包括折线对角线)5个数之和都等于20080800；

◎图中的中心数，加上成中心对称的4个数，5个数之和都等于20080800；

◎所有3×3正方形中，凡是成"⁚·⁚"或"·⁘·"形状的5个数之和都等于20080800；

●此图可调至出很多组5阶完全幻方。

3413736	5020200	1606464	4216968	5823432
3614544	6225048	2811312	5421816	2008080
4819392	2409696	4016160	5622624	3212928
6024240	2610504	5221008	1807272	4417776
2208888	3815352	6425856	3012120	4618584

6阶完全幻方

◎每行、每列6个数之和都等于200808；

◎每条对角线(包括折线对角线)6个数之和都等于200808；

◎所有2×2、2×4、2×6、4×4、4×6以及6×6方形中，角上4个数之和都等于133872；

●此图可调至出很多组6阶完全幻方。

668	64968	61768	6868	60768	5768
63868	4368	32768	62468	3768	33568
3068	62568	4168	4468	63168	63368
66268	1968	65168	60068	6168	1168
5468	60168	36568	2068	65568	30968
61468	6768	368	64868	1368	65968

7阶完全幻方

◎本图以2008为中心数；

◎图中的数是一部奥运史，涵盖了第1至29届奥运会时间；

◎每行、每列7个数之和都等于200808；

◎每条对角线(包括折线对角线)7个数之和都等于200808；

◎其他规律7个数之和等于200808；

●此图可调至出很多组7阶完全幻方。

1960	2028	98057	1940	1980	92923	1920
1992	92935	1904	1972	2012	98069	1924
2024	98053	1936	2004	92919	1916	1956
92931	1900	1968	2008	98065	1948	1988
98077	1932	2000	92915	1912	1952	2020
1896	1964	2032	98061	1944	1984	92927
1928	1996	92911	1908	1976	2016	98073

8阶完全幻方

◎图中的数是一部奥运史，涵盖了1至29届奥运会的时间；

◎每行、每列8个数之和都等于200808；

◎每条对角线(包括折线对角线)8个数之和都等于200808；

◎所有2×4长方形，每组8个数之和都等于200808；

◎所有2×2(田字格)方阵，2组的组合，8个数之和都是200808；

◎每行(列)任何一边4个数，加上任何一行(列)一边的4个数，8个数之和都等于200808；

◎每行(列)中间的4个数，加上任何一行(列)两边共4个数，8个数之和都等于200808；

◎其他规律8个数之和等于200808；

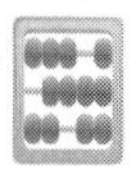

●此图可调至出很多组8阶完全幻方。

1896	48274	1948	48286	1900	48270	1944	48290
2020	48214	1968	48202	2016	48218	1972	48198
48254	1916	48306	1928	48258	1912	48302	1932
48234	2000	48182	1988	48230	2004	48186	1984
1904	48266	1956	48278	1908	48262	1952	48282
2012	48222	1960	48210	2008	48226	1964	48206
48246	1924	48298	1936	48250	1920	48294	1940
48242	1992	48190	1980	48238	1996	48194	1976

9阶完全幻方

◎本图以2008为中心数；

◎图中的数是一部奥运史，涵盖了1至29届奥运会时间；

◎每行、每列9个数之和都等于200808；

◎每条对角线(包括折线对角线)9个数之和都等于200808；

◎其他规律9个数之和等于200808；

●此图可调至出很多组9阶完全幻方。

62896	62904	1976	1984	1992	2048	2056	2064	62888
1948	1956	2012	2020	2028	62960	62968	62976	1940
2108	2080	62928	62948	62920	1908	1928	1900	2088
62912	62884	1980	2000	1972	2052	2072	2044	62892
1964	1936	2016	2036	2008	62964	62984	62956	1944
2076	2096	62944	62916	62936	1924	1896	1916	2104
62880	62900	1996	1968	1988	2068	2040	2060	62908
1932	1952	2032	2004	2024	62980	62952	62972	1960
2092	2100	62924	62932	62940	1904	1912	1920	2084

珠心算巧算万年历——天干、地支、生肖

天干、地支、生肖对照表

对应编号	1	2	3	4	5	6	7	8	9	10	11	12
天干	甲	乙	丙	丁	戊	己	庚	辛	壬	癸		
地支	子	丑	寅	卯	辰	巳	午	未	申	酉	戌	亥
生肖	鼠	牛	虎	兔	龙	蛇	马	羊	猴	鸡	狗	猪

天干、地支、生肖算法表

天干		地支、生肖			
公元后任何年份	公元前任何年份	1900~ 1999	2000~ 2099	公元后任何年份	公元前任何年份
+7或 −3	+8或 −2	+1	+5或 −7	+9或 −3	+10或 −2

一、公元后天干、地支、生肖的算法

1.天干的算法

用年份的最后一位数的数字加上7或减去3,然后根据计算结果查看对照表。【例1】1981年:1+7=8,由对照表可以看出,“8”对应的天干为“辛”。【例2】2008年:8−3=5,由对照表可以看出,“5”对应的天干为“戊”。【例3】1953125年:5−3=2,由对照表可以看出,“2”对应的天干为“乙”。

2.地支、生肖的算法

(1)1900年至1999年。用年份的最后两位数的数字减去12的倍数,再加上1,然后根据计算结果查看对照表。【例】1981年:81−12n=81−72=9,9+1=10,由对照表可以看出,“10”对应的地支为“酉”、对应的生肖为“鸡”。由此可得出,1981年为农历辛酉(鸡)年。

(2)2000年至2099年。用年份的最后两位数的数字减去12的倍数,再加上5或减去7,然后根据计算结果查看对照表。【例】2008年:8−7=1,由对照表可以看出,“1”对应的地支为“子”、对应的生肖为“鼠”。由此可得出,2008年为农历戊子(鼠)年。

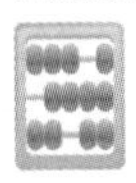

（3）其他年份。用年份数字减去12的倍数，再加上9或减去3，然后根据计算结果查看对照表。【例】1953125年：1953125−12n=1953125−1953000−120=5，5−3=2，“2”对应的地支为“丑”、对应的生肖为“牛”。由此可得出，1953125年为农历乙丑（牛）年。

二、公元前天干、地支、生肖的算法

1.天干的算法

用10减去年份数字的最后一位数，再加上8或减去2，然后根据计算结果查看对照表。例如公元前551年：10−1=9，9−2=7，“7”对应的天干为“庚”。

2.地支、生肖的算法

用比年份数字大的12的倍数减去年份数字，再加上10或减去2，然后根据计算结果查看对照表。例如公元前551年：12n−551=552−551=1，1+10=11，“11”对应的地支为“戌”、对应的生肖为“狗”。由此可得出，公元前551年为农历寅戌（狗）年。

注1：春节或立春（旧俗）前的日子仍算作农历的上一年，因此在计算过程中减去1，然后根据计算结果查看对照表，所得到的就是春节或立春前的天干、地支和生肖。

注2：汉典万年历（择吉老皇历）可查万年之上。但查公元前的年历，需在年份前加B，如查公元前551年，即查B551。

附录：珠心算等级鉴定

ZHUXINSUAN DENGJI JIANDING

珠心算等级鉴定是衡量儿童智力发展的尺度，是检验珠心算教学效果的标准，是推动珠心算教育发展的重要举措。

珠心算等级鉴定标准是由中国珠算心算协会制定的，对于鉴定合格者，发给由中国珠算心算协会统一印制的《中华人民共和国珠心算等级证书》。各地可以根据本地的实际情况，制订具体的《珠心算等级鉴定操作规程》。

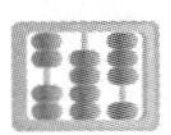

中国珠算心算协会少儿珠心算等级鉴定标准(试行)(1)

项目			一级	二级	三级	四级	五级	六级	七级	八级	九级	十级
加减法	题数		10	10	10	10	10	10	10	10	10	10
加减法	拟题要求		亿以内加减法			万以内加减法		千内加减法		百以内加减法		20以内加减法
加减法	每题字数		30	25	20	18	14	12	10	7	5	3
加减法	总字数		300	250	200	180	140	120	100	70	50	30
加减法	每题行数		10	10	8	8	7	7	6	5	4	3
加减法	要求合格题数		8	8	8	8	8	8	8	8	8	8
加减法 题型	整数题数		5	5	5	5	5	10	10	10	10	10
加减法 题型	带小数两位题数		5	5	5	5	5					
加减法 题型	纯加法题数		6	6	6	6	6	6	6	6	6	6
加减法 题型	加减混合题数		4	4	4	4	4	4	4	4	4	4
加减法 题型	每题减号行数		3	3	3	3	3	3	2	2	1	1
加减法 题型	每题各种位数所占行数	4位数	3	2	2	1						
加减法 题型	每题各种位数所占行数	3位数	4	3	2	2	2	1	1			
加减法 题型	每题各种位数所占行数	2位数	3	3	2	3	3	3	2	2	1	
加减法 题型	每题各种位数所占行数	1位数		2	2	2	2	3	3	3	3	3
说明	(1)8～3级题的位数分别对应小学一至六年级口算标准； (2)1～6级鉴定限时10分钟，7～10级鉴定限时5分钟； (3)每个级别各单项均达到“要求合格题数”标准者为合格。											

中国珠算心算协会少儿珠心算等级鉴定标准(试行)(2)

项目			一级	二级	三级	四级	五级	六级	七级	八级	九级	十级
乘算	题数		10	10	10	10	10	10				
	乘数和被乘数位数合计		52	46	42	36	32	25				
	总计算量		66	50	40	32	24	15				
	要求合格题数		8	8	8	8	8	8				
	题型	整数题数	8	8	8	8	10	10				
		带小数两位题数	2	2	2	2						
		四舍题数	1	1	1	1						
		五入题数	1	1	1	1						
		3位×3位	4									
		3位×2位	2	3								
		2位×3位	2	3	2							
		3位×1位	1	1	2							
		1位×3位	1	1	2							
		2位×2位		2	4	6	2					
		2位×1位				2	4	2				
		1位×2位				2	4	3				
		1位×1位						5				

（续表）

项目				一级	二级	三级	四级	五级	六级	七级	八级	九级	十级
除算	题数			10	10	10	10	10	10				
	除数和商数位数合计			46	40	36	34	32	24				
	总计算量			52	36	26	24	22	14				
	要求合格题数			8	8	8	8	8	8				
	题型	除尽题数		8	8	8	8	10	10				
		除不尽题数		2	2	2	2						
		四舍题数		1	1	1	1						
		五入题数		1	1	1	1						
		除数和商数位数合计各占题数	÷3位=2位	3									
			÷2位=3位	3									
			÷2位=2位	4	6								
			÷1位=3位		2	3	2	1					
			÷3位=1位		2	3	2	1					
			÷1位=2位			2	3	4	2				
			÷2位=1位			2	3	4	2				
			÷1位=1位						6				
说明	(1)8～3级题的位数分别对应小学一至六年级口算标准； (2)1～6级鉴定限时10分钟，7～10级鉴定限时5分钟； (3)每个级别各单项均达到“要求合格题数”标准者为合格。												

全国珠心算等级鉴定普通六级标准试题

姓名：　　座号：　　对题：　　等级：

加减算

一	二	三	四	五	六	七	八	九	十
35	94	591	17	87	7	24	93	748	37
8	2	4	640	−6	35	7	5	−95	852
724	28	36	−5	935	9	479	64	3	−6
3	6	9	92	−8	81	2	9	61	73
61	813	57	−8	62	902	83	17	−9	−8
7	9	2	−74	3	4	5	358	−52	4
90	57	18	6	−49	63	46	6	7	−95

教师和家长留言

JIAOSHI HE JIAZHANG LIUYAN

乘算（保留两位小数）

一	83 × 6 =
二	9 × 54 =
三	4 × 8 =
四	5 × 97 =
五	8 × 3 =
六	47 × 9 =
七	9 × 5 =
八	7 × 6 =
九	6 × 48 =
十	8 × 7 =

除算（保留两位小数）

一	63 ÷ 7 =
二	282 ÷ 3 =
三	48 ÷ 6 =
四	574 ÷ 82 =
五	36 ÷ 9 =
六	64 ÷ 8 =
七	133 ÷ 7 =
八	45 ÷ 5 =
九	546 ÷ 91 =
十	24 ÷ 4 =

(1)限时 10 分钟；(2) 加减算、乘算、除算各对 8 题为六级。

全国珠心算等级鉴定普通五级标准试题

姓名：　　座号：　　对题：　　等级：

加减算

一	二	三	四	五	六	七	八	九	十
16	38	62	836	49	0.56	0.81	0.58	6.82	0.17
4	192	8	—72	935	2.93	0.03	9.16	—0.03	7.48
528	7	53	8	—8	0.07	5.49	0.05	0.90	—0.06
72	73	709	63	62	0.15	0.75	0.91	—0.57	0.75
9	856	6	—294	3	3.76	0.06	3.87	0.08	—1.93
947	4	47	—9	—58	0.09	7.38	0.04	—3.04	0.09
65	49	481	57	—74	0.81	0.94	0.72	0.76	—0.84

教师和家长留言

JIAOSHI HE JIAZHANG LIUYAN

乘算（保留两位小数）

一	19	×	7	=	
二	8	×	93	=	
三	73	×	56	=	
四	48	×	5	=	
五	3	×	87	=	
六	26	×	9	=	
七	92	×	48	=	
八	4	×	72	=	
九	37	×	4	=	
十	9	×	62	=	

除算（保留两位小数）

一	292	÷	4	=	
二	1,372	÷	7	=	
三	324	÷	36	=	
四	486	÷	9	=	
五	378	÷	54	=	
六	516	÷	6	=	
七	728	÷	91	=	
八	291	÷	3	=	
九	1,554	÷	518	=	
十	498	÷	83	=	

(1)限时 10 分钟；(2) 加减算、乘算、除算各对 8 题为五级。

全国珠心算等级鉴定普通四级标准试题

姓名：　　座号：　　对题：　　等级：

加减算

一	二	三	四	五	六	七	八	九	十
29	8	84	68	9,163	0.47	0.36	9.60	85.07	0.36
274	65	9	7,294	−49	0.03	6.49	0.07	−0.64	69.52
7	3,584	916	−6	472	41.96	0.07	0.49	0.08	−0.07
1,968	37	42	615	−6	0.18	0.91	76.25	−3.91	0.83
42	419	2,875	−37	95	8.25	51.73	0.72	0.75	−6.18
3	6	91	−382	−817	0.71	0.68	4.83	−0.04	−0.61
594	91	438	63	58	3.82	9.25	0.06	1.86	3.79
35	942	7	9	4	0.09	0.04	0.51	0.39	0.05

乘算（保留两位小数）

一	47	×	82	=
二	0.36	×	0.9	=
三	19	×	75	=
四	5	×	38	=
五	83	×	64	=
六	0.71	×	9.6	=
七	64	×	3	=
八	58	×	17	=
九	6	×	29	=
十	92	×	48	=

除算（保留两位小数）

一	472	÷	8	=
二	1,674	÷	186	=
三	318	÷	53	=
四	37.65	÷	7	=
五	216	÷	24	=
六	5,704	÷	713	=
七	2.83	÷	6	=
八	392	÷	49	=
九	1,580	÷	4	=
十	235	÷	5	=

(1)限时 10 分钟；(2) 加减算、乘算、除算各对 8 题为四级。

全国珠心算等级鉴定普通三级标准试题

姓名：　　座号：　　对题：　　等级：

加减算

一	二	三	四	五	六	七	八	九	十
4,719	618	5,783	742	9,025	5.16	72.49	0.69	92.46	74.68
74	9,427	7	8,153	18	38.29	0.25	83.75	0.53	—0.45
605	3	629	—6	—637	0.07	9.64	9.26	—4.27	8.36
6	52	65	75	3	91.74	0.08	0.04	0.04	52.09
931	5,180	8	—831	7,846	3.81	83.15	0.58	35.68	0.81
7,283	469	6,974	6,290	—64	0.48	0.49	74.96	—0.96	—0.09
92	8	96	8	492	0.05	6.37	3.18	3.15	—2.94
8	91	831	—69	—9	0.63	0.02	0.07	—0.09	0.07

教师和家长留言

JIAOSHI HE JIAZHANG LIUYAN

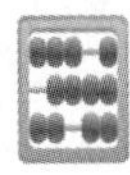

乘算（保留两位小数）

一	27	×	649	=
二	4	×	738	=
三	946	×	7	=
四	68	×	25	=
五	14	×	83	=
六	8.3	×	4.16	=
七	28	×	84	=
八	475	×	9	=
九	0.9	×	5.86	=
十	53	×	74	=

除算（保留两位小数）

一	738	÷	9	=
二	168	÷	28	=
三	1,842	÷	614	=
四	3,504	÷	6	=
五	2,926	÷	7	=
六	6,412	÷	916	=
七	336	÷	48	=
八	37.05	÷	4	=
九	3,128	÷	391	=
十	0.51	÷	0.9	=

(1)限时 10 分钟；(2) 加减算、乘算、除算各对 8 题为三级。

全国珠心算等级鉴定普通二级标准试题

姓名：　　座号：　　对题：　　等级：

加减算

一	二	三	四	五	六	七	八	九	十
514	7,285	846	27	297	5.14	7.53	82.73	0.59	8.07
72	16	51	9,386	−14	72.93	0.64	0.16	79.16	0.62
6,194	193	7	503	7,482	0.71	90.42	1.82	2.85	91.38
5	4	5,968	−74	5	9.26	0.08	0.09	−0.07	0.04
618	9,031	73	8	−846	0.08	8.17	49.25	0.64	−4.91
59	79	514	−4,759	59	58.69	0.39	0.91	−58.39	0.59
8,537	827	2	914	6,935	0.47	63.81	7.49	1.73	47.26
3	3	8,379	62	−3	0.03	0.06	0.07	0.04	−0.07
196	592	85	−5	371	6.82	5.92	3.68	−0.81	6.82
48	69	637	831	28	0.54	0.75	0.37	6.27	−0.35

乘算（保留两位小数）

一	49	×	83	=
二	681	×	8	=
三	0.85	×	0.36	=
四	7	×	519	=
五	29	×	386	=
六	537	×	92	=
七	0.74	×	9.18	=
八	196	×	75	=
九	48	×	157	=
十	284	×	69	=

除算（保留两位小数）

一	3,944	÷	8	=
二	2,166	÷	57	=
三	0.19	÷	0.28	=
四	5,502	÷	6	=
五	4.18	÷	9.2	=
六	2,124	÷	36	=
七	6,300	÷	75	=
八	2,352	÷	294	=
九	5,986	÷	82	=
十	7,344	÷	816	=

(1)限时 10 分钟；(2) 加减算、乘算、除算各对 8 题为二级。

全国珠心算等级鉴定普通一级标准试题

姓名：　　座号：　　对题：　　等级：

加减算

一	二	三	四	五	六	七	八	九	十
837	624	462	8,361	193	18.59	5.18	72.59	5.81	73.80
7,394	81	5,094	−519	9,275	9.37	47.92	8.23	86.39	−6.37
178	3,859	53	75	64	0.62	0.74	0.95	0.75	0.74
46	62	819	−4,726	−639	6.41	6.43	91.64	−4.93	47.19
4,805	738	8,627	392	3,814	72.83	0.59	7.36	47.52	4.91
83	6,193	91	58	−58	0.54	51.86	0.57	−0.46	0.48
259	75	708	649	581	7.62	4.71	53.81	8.27	−19.62
1,962	582	4,916	−83	−1,726	65.14	0.28	9.18	−19.64	5.53
75	2,946	84	5,907	39	0.75	29.37	0.36	0.82	−0.46
651	371	175	458	907	4.96	8.59	4.95	5.38	9.28

教师和家长留言

JIAOSHI HE JIAZHANG LIUYAN

乘算（保留两位小数）

一	7	×	682	=
二	396	×	57	=
三	473	×	8	=
四	64	×	925	=
五	273	×	19	=
六	952	×	837	=
七	7.29	×	3.64	=
八	37	×	148	=
九	8.14	×	2.36	=
十	538	×	417	=

除算（保留两位小数）

一	1,872	÷	48	=
二	3,591	÷	57	=
三	4,104	÷	76	=
四	7,068	÷	93	=
五	2.51	÷	0.86	=
六	37,668	÷	516	=
七	5.31	÷	8.24	=
八	49,873	÷	53	=
九	25,872	÷	49	=
十	7,098	÷	169	=

(1)限时 10 分钟；(2) 加减算、乘算、除算各对 8 题为一级。

"智力测试"答案与提示

这个班有多少人

答:42 人。

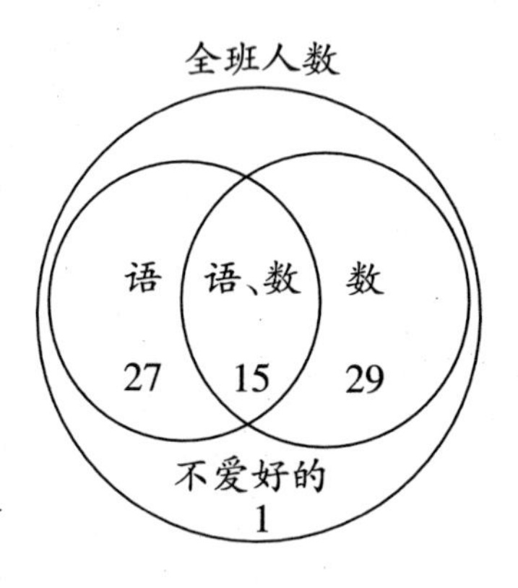

摆 数 牌

答: | 4 | 1 | 3 | 1 | 2 | 4 | 3 | 2 |

电话号码

答:

		2	6	7	9
+			5	6	1
		3	2	4	0

		2	6	7
+	9	5	6	1
	9	8	2	8

七	六	五	四	三	二	一
2	6	7	9	5	6	1

(注:本号码为合肥市珠算协会电话号码)

笼子里是啥猫

答:A 笼两只猫是黄猫、黑猫;

B 笼三只猫是黄猫、黄猫、白猫;

C 笼四只猫是黑猫、黑猫、白猫、白猫。

喝 牛 奶

答:1 杯牛奶,1 杯水。

韩信点兵

答:59 人。

计算时,先让韩信跟士兵一起排队,每次正好排完,即 $3 \times 4 \times 5 = 60$(人)。最后去掉韩信 1 人,得 59 人。

植树多少棵

答:(1) 需要拔起 16 棵。

(2) 需要重栽 8 棵。

(3) 调整后,路旁有树 17 棵。

谁是“新人王”

答:最多下 17 盘棋。